아기 세포의 일기

수정부터 출생까지 작은 세포의 놀라운 모험

그라지아노 초카 글
로렌조 데 펠리치 그림
조원정 옮김

북스힐

당연하게도
이 책을 내 딸에게 바친다.

프롤로그

막 태어난 세포의 생각

세상에나!

…….

세상에나. 내가 처음으로 한 말은 "세상에나!"였어. 그리고 두 번째로 한 말도 "세상에나!"였지. 시작치고는 좀 실망스럽지.

제일 처음으로 하는 생각이니 뭔가 멋졌으면 했는데 말이야! 하지만 태어났다는 사실만으로 너무 놀라 버렸지 뭐야. 게다가 생각할 두뇌도 없는데 벌써 생각을 하고, 손도 없는데 이런 생각을 옮겨 쓰고 있다는 사실이 정말 신기해.

난 그냥 하나의 세포일 뿐인데 어떻게 이게 가능한 거지?

나는 그냥 나야. 멋진 하나의 세포야. 눈이 없어서 나 자신을 볼 수도 없지만 잘 만들어졌다는 것은 느낄 수 있어. 온전한 하나의 인간이 될 수 있는 모든 잠재력을 갖고 있어.

나는 빨리 커서 사람이 되고 싶어. 빨리 자라고 싶어.

불가능한 이야기처럼 들릴 거 알아. 기껏해야 하나의 세포일 뿐인데 온전한 개체로 변신할 수 있다니! 세포가 하나에서 30조 개가 된다니.

그러니까 살아 있는 벽돌이 30,000,000,000,000개나 된다는 말이잖아. 놀랍지 않아?

1초에 세포를 하나씩 센다면 30조 초가 걸린다는 말이지. 그럼 며칠이 걸리게?

일주일?

한 달?

아니, 거의 100만 년이나 걸려!

엄마야! 정말 엄청난 변신이야! 그나저나 "엄마야"라고 했으니 말인데, 이 모든 일이 한 장소에서 일어나. 바로 우리 엄마♥ 배 속 말이야.

이에 대해 일기를 쓰면 멋지겠지? 난 항상 이곳에 있겠지만 꼭 여행하는 것 같을 거야. 게다가 여행기란 것은 직접 경험한 일을 쓰는 것인데 나는 곧 가장 놀라운 일을 겪게 될 거야. 바로 탄생이지.

정말로 일기를 써야겠어. 그래, 앞으로 일어날 일을 전부 다 쓰고 재미있는 그림도 곁들일 거야. 혹시 누가 알아? 내가 태어난 다음에 일기를 다시 읽어 보고 싶을지. 어쩌면 이 긴 아홉 달의 잉태 기간을 태어난 다음에는 기억하지 못할 수도 있거든.

이 일기가 다른 모든 사람들에게도 쓸모 있을지도 몰라! 우린 모두 똑같이 아름다우니까. 지방과 단백질로 만들어진 작은 공에서 시작해서 9개월이 지나면 사람이 되는 거야. 우리 인간은 다 이렇게 태어나.

내 초상화도 그리기로 했어. 자, 봐! 엄마 배 속에 있는 동안 내 아바타로 사용할 거야. 생명력으로 가득한 이 공이 나라고 상상할 거야. 물론 시간이 지나면 형태가 더 복잡해지겠지만 말이야.

혹시 이 글을 읽고 있는 독자 친구가 있다면, 그것은 실제로 태어났고 자신이 얼마나 놀라운 존재인지 다시 알아보고 싶은 마음이 들었다는 것을 의미하지. 과자 부스러기가 묻은 손으로 이 책의 페이지를 넘기면서 때때로 감동도 할 거야.

내가 그런 친구들의 기억을 되살려 줄 거야. 엄마 배 속에서 매일매일 몸을 조금씩 만들어 가던 때를 기억해 봐. 엄지손가락을 발견했던 놀라운 순간을, 신기하게 들려오던 소리를. 살아 있기 때문에 아무 이유 없이 발길질하고 싶었던 때를 기억해 봐.

사실 나는 인간 신체의 최고 전문가야. 지금 이 순간도 신체를 만들어 내고 있으니까 말이지. 만나서 반가워! 나는 엄마와 아빠의 생식세포가 결합함으로써 막 생성된 새로운 세포야. 언젠가는 여자아이가 될 거야.

내 일기에 온 것을 환영해.

부디 즐겁게 읽기를!

차례

1

나의 첫째 날: 수정란

생식과 수정

제1일

안녕.

오늘은 멋진 날이야. 내가 방금 태어났거든.

정확하게 말하자면 아직 태어났다고는 할 수 없어……. 나보다 훨씬 단순한 두 개의 세포가 결합함으로써 내가 막 생성되기는 했지만 말이야. 사실은 나도 세포야. 내 이름을 정확하게 소개하는 편이 좋을 것 같아. 난 **수정란**이야. 친구들은 날 '수정'이라고 불러.

조금 아까 말한 대로 내가 여기 존재할 수 있는 것은 세포, 즉 두 개의 서로 다른 **생식세포**가 융합되는 놀라운 작용 덕분이야. 이 두 개의 생식세포가 지금은 내 안에서 공존하고 있어. 이들을 소개할게.

생식세포 1

우리 엄마 몸 속에 있는 난소에서 생성되었어. 이름은 **난자**라고 해.

이 알세포는 그렇게 사교적인 성격이 아니야. 그렇지만 어떻게 얘를 비난할 수 있겠어? 갑자기 거대한 동굴 속에서 함께 이야기를 나눌 다른 난자도 없이 혼자서 쓸쓸하게 떠다녀야 했는데 말이야.

난자는 태어난 직후 신기하게 주변을 둘러보았어. 하지만 난자를 만들어 낸 **난소**는 "그럼 잘 지내라." 하더니 운명을 따르라면서 난자를 그대로 밖으로 쫓아내 버렸어.

"잘 지내라고? 어떻게?" 난자는 불안하게 대답하며 긴 터널 속으로 표류하듯 사라져 갔지. "이제 어떻게 해???"

슬픈 이야기지. 하지만 이 표류는 12시간에서 36시간이면 끝나. 그 시간이 지나면 난자는 죽거든.

대부분의 난자에게 해당하는 슬프고 짧은 이야기야.

하지만 갑자기 수십 —사실, 그보다는 수백— 개의 모르는 애들이 나타나서 어떻게든 난자 가까이 다가가려 할 수도 있어. 방금 나에게 일어났던 일처럼 말이야. 그렇게 된다면 상황이 완전히 달라지지. 지금 나는 다른 생식세포 무리가 도착하는 이야기를 하고 있어. 하나의 수정란(그게 바로 나야)을 만드는 데 필요한 다른 절반의 생식세포 말이야.

정자 :
−작다.
−잘 움직인다.
−편모를 갖고 있다.
−최대 5일까지 산다.
−떼로 몰려다니길 좋아한다.
−좋아하는 책: “사랑은 동굴 끝에 있다”

난자 :
−크다.
−거의 움직이지 않는다.
−둥근 공 모양이다.
−평균적으로 하루 정도 산다.
−혼자다.
−좋아하는 책: “나팔관을 통과한 너”

생식세포 2

이름은 **정자**야. 너도 알아차렸겠지만 여럿이 함께 왔어. 정자는 난자와는 반대야. 작고 정신없고 움직임이 많고 특히 수가 많아. 수백만이나 되거든!

정자는 인간을 비롯한 남성의 성을 지닌 동물이 만들어 내. 내 생각에는 정자의 특징도 남성의 특징을 닮았어.

남자가 가장 좋아하는 것 중의 하나가
둥근 공을 쫓아다니는 것이다.

공을 쫓아다니는 것이 처음부터 그렇게 중요했으니—정자들은 생명을 탄생시키기 위해서 난자에게 도달해야 하니까— 몇십 년 후에 축구 경기장 안에서 공을 쫓아다니는 사람들에게 환성을 지르는 것이 얼마나 대단한 일이겠어.

길을 물어보지 않는다.

내 생각에 정자는 바보야. 정자에 뇌가 없다는 것이 영향을 미치는 것 같은데 아무튼 바보야. (빨리 도달하려고 몸을 가볍게 해서 여행하려다 보니까 다른 세포들이 갖고 있는 것도 다 포기해서 그래.) 삶의 목표가 헤엄치는 것이거든. 사실 더 정확하게 말하자면 헤엄을 쳐서 난자에게 도달한 다음 난자를 수정시키는 게 목표야.

정자는 그렇게 자신에게 달린 편모—'머리' 뒤에 달린 채찍같이 생긴 것으로 헤엄보다도 뱀처럼 기어가기 위해 사용돼—를 통해서 앞으로 나아가. 마구잡이로.

난자한테 가야 돼? 그럼 할 일은 하나밖에 없어. 직진해! 정자들에게 이건 명령과도 같아. 직진해! 하지만 어떻게 가는지 길도 좀 물어보면서 가!

그러니 정자들이 길을 헤맬 수밖에 없어. 어떤 정자들은 여성 생식기관의 벽에 갇혀 버리기도 하고 어떤 세포들은 12~24시간까지 헤엄치면서 앞으로 나아가는 데 성공하기도 하지. 이 거리는 사람이 15킬로미터를 가는 것에 해당하는 거리야.

하지만 아무리 운이 좋다고 하더라도 맞는 길을 찾지 못할 가능성은 늘 있어. 실제로도 정자들은 길을 거의 다 와서는 마지막 순간에 진퇴양난에 빠지지. 나팔관, 바로 무정한 난소가 난자를 버린 장소야. 아까 한 얘기 기억하고 있어?

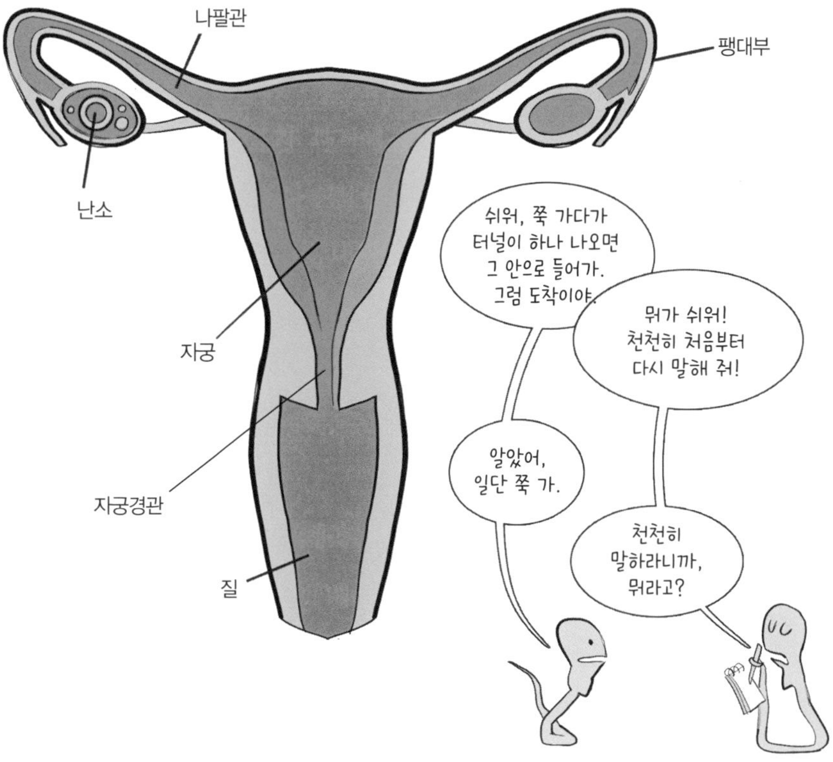

나팔관이 절망의 장소인 것은 아니야. 나팔관은 단순히 난소와 자궁을 이어 주는 터널이고 두 개가 있어.

나팔관 앞에 도달한 정자들이 서로 쳐다보면서 고민에 빠져서 "어떻게 하지? 오른쪽으로 가야 해, 왼쪽으로 가야 해?" 하고 물어볼 것 같아?

천만의 말씀. 그냥 앞으로 직진해. 막무가내로.*

하지만 기적적으로 어떤 정자들은 난자에게 도달한다는 목표를 이뤄.

그러면 "아, 그럼 다 바보는 아니네!"라고 생각하는 사람도 있겠지.

하지만 그에 대한 대답은 "아니, 다 바보 맞아."야. 다만 정자의 수가 믿을 수 없을 만큼 **많아서** 어쩌다 성공하는 정자가 있는 것뿐이야. 그래서 난자 하나를 수정시키는 데 정자가 몇 개 필요한지 알아?

1.

하나.

그럼 평균적으로 여성 생식기관으로 보내는 정자의 수가 얼마

* 이러한 정자세포의 전략이 늘 실패하는 것은 아니야. 양쪽에 있는 난소가 함께 건강한 난모세포를 생성하고 둘 다 수정되는 경우도 있으니까. 그러면 서로 다른 이란성 쌍둥이가 되지.

인지 알아?

2억.

도대체 왜?

남자들아, 여자한테 좀 배워 봐. 한 번에 하나만 필요하다면 하나만 보내면 되잖아? 그런데 그렇게 안 해.

#다다익선.

그나저나 여기서 생식기관에 대해 짧게 이야기하고 넘어가자.

열쇠-자물쇠

양서류와 비슷했던 우리 조상은 물 밖이 살기가 더 좋다는 것을 알고 육지로 가서 번성하기로 했어. 하지만 기가 막힌 문제에 봉착했지. "아니, 그럼 이제 수정을 어떻게 하지?"

원래 남성과 여성의 생식기관은 그 사이만 좀 조율해 주면 동시에 생식세포를 방출했어. 편모가 달린 정자는 화학 신호를 쫓아 물속을 헤엄쳐서 난자에게 갔어. 그 화학 신호란 우리 후각으로 치자면 오븐에서 막 꺼낸 파이의 향기와도 비슷하지. 사실 지금도 물고기나 해면동물 같은 많은 바다 생명체가 그런 식으로 수정을 해. 그런데 일단 바다 밖으로 나온 다음에는 물이 없는데 어떻게 하지? 우리를 포함한 포유류를 비롯한 일부 동물들은 이 문제를 해결하기 위한 방법을 만들어 냈어. 즉 바보 정자들이 여행을 좀 덜 할 수 있도록 난자 가장 가까이까지 데려다주기로 한 거야. 바로 몸 안으로. 그렇게 해서 '체내 수정'이라는 방법이 만들어졌어.

특히 여성 생식기관은 진화하면서 일종의 동굴을 만들어 냈는데 그것을 우리는 **질**이라고 불러. 이는 라틴어로 '바지나(vagina)'라고 하는데 이것은 '덮개'라는 뜻이야. "뭐의 덮개란 말이야?"라고 생각하겠지? 바로 남성 생식기관의 덮개야. 남성 생식기관 중

음경은 일종의 주사기와 같이 남성 생식세포인 정자를 쏘아 보내. 이 남성 생식세포는 **고환**에서 만들어지는데 고환은 라틴어로 '테스티쿨룸(testiculum)'이라고 하며, 이는 성행위의 '작은 증인'이라는 뜻이야.*

실제로 성행위는 열쇠-자물쇠 장치와 매우 비슷해. 음경만이 질 안으로 들어갈 수 있고 들어간 다음에는 근육이 수축하면서 정자를 할 수 있는 한 최대로 강하게 방출하지. 정자의 능력이 올챙이 수준밖에 안 된다는 것을 알거든.

그러니까 남성 생식기관은 **사정**을 통해 정자를 여성 생식기관 안으로 가장 잘 밀어 낼 수 있는 구조로 되어 있어. **정액**이라고 부르는 흰 액체도 함께 내보내는데, 이것은 정자를 위한 영양분을 담고 있어. 다른 말로 하자면 정자들이 간식을 가지고 여행을 떠나는 거야.

아무튼 아무리 수고를 덜어 준다 하더라도 정자들은 상당한 거리를 이동해야 하고 그것은 결코 쉬운 일이 아니야.

여성 생식기관이 자궁 수축(서핑할 수 있는 파도)이나 나팔관 표면의 섬모(밀어 주는 역할) 같은 것으로 정자를 도와준다고 하더라도 끔찍한 일이 벌어질 거야.

왜 정자가 수백만 개나 생성되는지 이제 좀 이해가 돼?

---

* 그럼 이제 왜 이런 멋지고 공식적인 용어들을 두고 '고추'처럼 야채를 가리키는 말을 대신 사용하고 있는지 설명해 볼래? 도대체 그게 뭐야?

이제 정자의 '배틀로얄'에 대해 좀 더 자세하게 살펴보자.
사정된 정자의 수가 평균인 2억 개라고 해 보자.

- 대부분의 정자는 질에서 죽음을 맞이하고 오직 200만 개의 정자만이 그다음 여정인 **자궁경관**에 도달해.
- 이들 정자의 절반은 질과 **자궁**을 연결하는 이 좁은 통로에 들어가는 데 실패하고 그중 겨우 100만 개만이 이 길을 통과해.
- 그리고 그중에서 겨우 1만 개의 정자만이 자궁의 꼭대기에 도달해. 그럼 "만세, 해냈다!"라고 생각하겠지만 사실은 그렇지도 않아. 왜냐하면 두 개의 나팔관 중 다른 나팔관으로 들어가는 정자도 있거든. 길을 잃는 정자도 있고 말이야. 앞으로 쭉 가기만 하면 되기 때문에 잘못 가기도 힘든데 말이지.

그래서 결론적으로, 100~200개의 후보만이 난자에게 도달하는 거야.

맹목적인 사랑의 발라드

난자와 정자가 만나는 것이 전혀 쉽지 않다는 것을 아마 너도 이해했을 거야. 하지만 이건 수백만 년 동안 수많은 생물에서 일어났던 일이야. 우리 인간을 포함해서 말이지.

내가 이 자리에 있다는 것은 우리 엄마와 아빠의 모든 조상들에게도 일어났던 일이라는 것이니까. 인간사에 있어서 천억 번 이상 일어났던 거야.

얼마나 많은 일들이 있었을지 생각해 봐. 지금까지 말한 것 말고 다른 문제들도 알려 줄게.

- 난자와 정자의 길이 엇갈릴 수도 있어. 정자들이 모두 다 목적지에 도착해도 아무도 없고 표지판 하나만 걸려 있을 수도 있어. "난 여기 일주일 전에 왔다 갔어. 내가 널 계속 기다리고 있을 수는 없다고." 아니면 "열흘 후에 만나." 같은 내용으로 말이야. 그럼 정자들은 거기서 기다리다가 새로 만들

어진 난자가 오지 않으면 3~5일 이내에 다 죽어. (지극히 예외적인 경우를 제외하면 정자 하나의 최대 수명이 그 정도거든.)

- 결함이 있는 정자. 아빠의 정자에 선천적인 결함이 있을 수도 있어. 예를 들어서 편모가 불완전하다든가, 편모의 숫자가 부족하다든가, 아님 두 개라든가.
- 엄마의 나팔관이 막혀 있을 수도 있어. 그렇게 되면 난자가 나가려고 아무리 애를 써도 소용없이 쓸쓸하게 홀로 있어야 해.

보통 부부들은 아이를 낳는 데 문제가 있을지 없을지 미리 알지 못해.

정확하게 말하자면 어떤 부부가 12개월 동안 자연적으로 아이를 갖기 위해 노력했는데도 성공하지 못한다면 **난임**이라고 하고, 자연적인 성교로는 아이를 갖는 것이 불가능할 때 **불임**이라고 해. 여기서 '자연적으로'라고 하는 이유는 의학의 작은 도움이 있다면 불임인 부부도 아이를 가질 수 있기 때문이야. 예를 들자면 막힌 나팔관을 뚫는 외과수술이나, 정자가 먼 길을 가야 하는 위험을 줄여 주기 위해 건강한 정자를 인공적으로 난자 안에 삽입할 수도 있어. 그러면 난임 혹은 불임의 가능성이 높은 7~9쌍의 부부 중 1쌍은 아이를 가질 수 있게 돼.

하지만 부정적인 생각은 하지 말고 긍정적인 생각만 하자. 이를테면 나에 대한 생각 말이야!

나는 여기 있어. 존재한다고!

그것이 의미하는 것은 엄마와 아빠의 생식세포가 결합해서 수정란을 만들었다는 거야.

12~24시간 동안 장장 몇 십 센티미터에 달하는 거리를 진이 빠지도록 헤엄쳐서 겨우겨우 도달한 승리감에 젖은 정자를 상상해 봐. 그러다가…….

난자의 존재를 느끼고 그 화학 신호를 따라가지. (화학이라니 낭만적이지가 않네. 그냥 난자가 아름다운 노래를 부른다고 상상해 봐. 노래 제목은 '하나가 되는 둘'이야.)

다른 말로 하자면 나팔관에 도착해서 승리한 정자가 스파이스 걸스의 노랫소리를 들은 거야.

그 유혹적인 노래를 부르는 것은 바로 난자였어.

Come a little bit closer, baby

Get it on, get it on

'Cause tonight…… is the night

When two become one……*

---

* 뜻은 다음과 같아. "조금 더 가까이 와, 그대. 이 순간을 즐겨, 이 순간을 즐겨. 오늘 밤은 둘이 하나가 되는 밤이니까." 네가 이 노래를 아는지 모르는지 모르겠어. 내 경우는 아빠의 플레이 리스트에 있었어. 다음 장으로 넘어가야 하니까 이 노래를 크게 틀어 봐. 다음 장은 바로 '생식'에 대한 장이야!

그럼 모든 피곤함이 싹 다 가시고 가장 뛰어난 정자가 편모를 마지막으로 휘저으며 난자 위로 돌진하지. 정자가 보기에 난자는 아주 거대해. 그 지름이 0.12mm에 달하거든. 애걔! 무척 작아 보인다는 것 나도 알아. 하지만 인간의 신체에서는 가장 큰 세포란다.

정자에게는 크기보다도 이중 장벽으로 보호되고 있다는 게 큰 문제야. 야비한 **난구**가 난자를 감싸 보호하고 있는 데다가 그 안에는 **투명층**이라는 잔인한 두 번째 내부 장벽이 또 있거든.

그럼 정자들은 서로 당황스러운 눈빛을 주고받아. "어떻게 이런 일이?" 그럼 난자는 "원래 그래."라고 대답하지.

이때 정자는 감추어 두었던 비장의 무기를 꺼내 들어. 저 지독한 보호 장벽을 녹이기 위해 '머리' 끝에 분해 효소들의 복합물인 **첨체**를 숨겨 놓고 있거든. 하지만 어리석은 정자가 모르는 게 있는데, 보호 장벽을 전부 다 녹이기에는 효소가 부족하다는 거야. 그래서 바보 정자의 수명도 끝이 나지.

한 생명의 탄생이 그 뒤에 이렇게 많은 드라마를 감추고 있는지 누가 알았겠어?

좋은 소식은 첫 번째 순교자가 죽으면서도 그다음 정자들을 위해 길을 조금 뚫어 놓는다는 거야. 그다음 도착하는 정자들이 그 선례를 보고 배우면 좋으련만 그들 역시 어리석고, 스파이스 걸스의 노래는 너무나도 매혹적이지.

그래서 무조건 직진하는 수십 개의 가미카제 정자가 효소를 방출하면서 결국에는 마지막 단계까지 깰 수 있게 돼. 마치 '타워디펜스' 비디오 게임처럼 말이야. 그리고 합체!

퓨---우---전!!

마침내 한 정자가 길을 발견해. 그리고 거기서 마법이 일어나지. 말은 이렇게 하지만 그건 과학이야. 그중에서도 생물학이야. 그중에서도 **수정**이지.

1. 정자는 (자신보다 먼저 도착했던 바보 같은 다른 정자들을 이용해서) 적절한 지점에 분해 효소를 방출하고 마침내 난자 안으로 들어가.
2. 난자는 음악 '정지' 버튼을 누르고는 다른 정자들이 먼저 들어온 정자를 따라 들어오지 못하게 해. 좀 덜 낭만적으로 말

하자면, *정자와 투명층이 접촉하면 난자 속에 칼슘 파도를 만들어 내고 그러면 외피 과립을 방출하며 이것은 첨체를 활성화시키던 투명층의 수용체 ZP3를 변화시키고…….*

3. 난자는 내부에 정자를 받아들이지만 "그 지저분한 신발은 밖에 벗어 놓고 들어와."라고 말하지. 그래서 정자는 세포막 밖에 편모를 두고 들어가. 그래, 맞았어. 정자에서는 DNA를 담고 있는 핵만 남아. 그리고 나중에는 핵도 파괴돼. DNA는 파괴되지 않아. DNA는 필요하니까 버리지 않아.

그것 때문에 말인데, 난자가 그 직후에 무엇을 하는지 설명하기 위해서는 DNA에 대해서 더 설명을 해야 해.

나를 비롯해서 모든 살아 있는 생물이 생성되기 위해서는 '설명서'가 필요하고 그것이 바로 그 유명한 DNA야. 누가 이 DNA를 제공할까? 알지? 바로 엄마와 아빠야!

과학적으로는 한 부모만 갖고 있거나 혹은 박테리아처럼 세포 안에 하나의 DNA 복제로 이루어진 종도 있어. 하지만 우리는 *#다다익선*이라는 철학에서 탄생했기에 이렇게 DNA 이중 복제를 통해 생겨나.

열쇠를 철물점에서 복사하는 것과 비슷하지만 차이점은 복사를 해 주는 것이 우리의 양 부모님이라는 거지. 내 DNA 절반은 엄마에게서, 나머지 절반은 아빠에게서 오거든.

더 정확하게 말하자면 핵 DNA 얘기를 하고 있는 거야. 사실은 엄마가 핵 바깥, 신체 세포 대부분에 있는 세포소기관 안에 있으며 세포가 살아가기 위한 필수 에너지 생산에 필요한 미토콘드리아라고 부르는 DNA까지도 모두 주셔. 그러니까 사실 엄마는 너에게 DNA 절반 이상을 주시는 거야. *#걸 파워*.

이 DNA 전체는 염색체라고 불리는 패키지로 된 세포 안에 질서 정연하게 보관되어 있다가 도서관 안에 꽂혀 있는 책처럼 필요할 때 금방 꺼내 볼 수 있지.

우리 인간은 46개의 염색체를 갖고 있어. 23개는 엄마에게서 물려받고 23개는 아빠한테서 물려받지. 인간이 아닌 다른 종은 염색체의 수가 달라.

이제 한때 정자였던 것이 옷을 벗고 자신이 갖고 있던 23개의 멋진 염색체를 펼쳐 놓는 순간으로 되돌아가자.

이때 난자는 이미 46개의 염색체를 가지고 있는 상태지만 새로 인간을 만들기 위해서는 남자의 염색체도 필요해.

그래서 난자는 운동 선수처럼 민첩하게 자신이 갖고 있던 염색체 중 23개를 세포에서 밀어 내 버리고는(마치 스티커 뒷면을 벗겨 버리듯 말이야) 남은 23개 염색체와 남자의 염색체를 융합할 준비를 해.

만약 수정이 로맨스 영화와 같다고 한다면 넌 서로에게 달려가서 포옹하는 두 주인공을 상상하겠지? 하지만 이것은 영화가 아니고, 그 둘은 수줍음을 타.

그래서 처음 미팅 자리에 나온 이 두 팀의 염색체들은 서로에 대해 더 잘 알아보기로 해.

"아! 내게도 18번 염색체가 있는데!"

"정말? 4번 염색체에 1,600개의 유전자가 있어? 우리 둘이 비슷하네!"

"아, 이 대립형질 유전자는 다르네? 네 것이 내 것보다 더 좋아?"

그다음에는 두 쌍의 유전자를 합치기만 하면 돼. 얍! 이제 새로운 사람이 탄생했을까? 아니, 아니야. 떨려서 그런지 몰라도 그렇게 쉽게 일을 처리하지 않아.

먼저 염색체 각각이 복제가 돼. 그런 다음에는 모두 세포 중앙으로 이동해. 그러고는 어느 순간 92개의 염색체가 한 줄로 늘어서. 이게 다 뭐야? 왜 이런 일을 벌이는 거지? 진정해! 여긴 내 집이라고.

그래서 이 정신없는 염색체 무리의 질서를 잡기 위해서 염색체를 하나하나 제자리에 놓아 주려고. 염색체를 두 그룹으로 나누어 세포의 양쪽 끝에 각각 한 줄로 세우는 거야. 그리고 염색체들을 **핵**이라고 부르는 두 개의 자루 안에 나누어 넣었어.

그리고 끝으로 46개의 염색체를 두 개씩 짝지어서 DNA를 섞었어. 그러니까 엄마에게서 받은 염색체 하나와 아빠에게서 받은 염색체 하나를 잡아서 섞고, 다시 엄마 거 하나, 아빠 거 하나를 섞고, 이런 식으로 23개의 짝을 만들었지.

23번째 짝에 도달했을 때 나는 두 개의 염색체 모양이 모두 X형이라는 것을 알았어. 그래서 나는 중요한 사실을 하나 알아챘지. 내가 여자아이가 될 거라는 거야. 여자!

사실은 모든 염색체는 전부 X형이야. 그런데 예외도 가끔 있어. 바로 Y 염색체라고 부르는 것인데 이건 남자한테만 있어. 그래서 만약에 23번째 쌍의 염색체 두 개 중 하나의 형태가 좀 다르고 더 짧다면 바로 그것이 유명한 Y 염색체야. 그럼 XY니까 남자가 된다는 말이지. 그런데 나는 XX야. 꼭 무슨 비밀 요원의 코드명 같지?*

아주 좋아. 난 여자가 되는 게 좋아! 내가 커서 혹시 공을 쫓아다닌다 해도 그건 유전 때문이 아니라 그냥 내가 공을 좋아해서 그러는 거야. 어떤 미래가 날 기다리고 있을까?

아빠에게 감사드려야겠어. 왜냐하면 성별을 결정하는 염색체는 정자만 갖고 있고 난자는 항상 X 성염색체만 갖고 있기 때문이야. 그러니까 만약 정자가 Y를 갖고 있다면 그때 새로 태어나는 아이는 남자인 거지. 반면 정자가 X를 갖고 있다면 여자아이가 태어나는 거야. 나처럼.

Y를 갖고 있는 정자와 X를 갖고 있는 정자 사이에는 차이점이 있어. Y를 가진 염색체가 더 빠르고 X를 가진 염색체는 더 오래 살아. 그러니까 만약 남자아이가 잉태되었다면 아마 난자가 난소에서 막 나온 상태에서 더 빠른 Y정자가 난자에게 도착했을 가능성이 크다는 거야.

그리고 만약 여자아이가 잉태되었다면 엄마가 아직 난자를 배출시키지 않아서 Y정자는 모두 다 죽고 X정자만 살아남았다가 뒤늦게 도착한 난자와 수정을 했을 가능성이 크지.

---

* 사실 이 염색체의 짝짓는 과정이 그렇게 쉽지가 않아! 일이 잘못될 수도 있어. 예를 들어서 수정란의 염색체에 이상이 있을 수도 있어. 그런 이상 중 하나가 바로 저 유명한 다운증후군으로, 그러면 21번 쌍에 염색체가 두 개가 아닌 세 개가 존재해.

정리해 보면,

- 나는 수정란, 그러니까 앞으로 다세포 생물이 될 첫 번째 세포야. 더 정확하게 말하자면 인간 말이야!
- 난 지금 여성이고 나중에 태어나도 여성이 될 거야. 성염색체 X를 두 개 가지고 있기 때문이지.
- 지금 나의 내부에는 핵이 두 개 있고 각각의 핵이 46개의 염색체를 갖고 있어. 그중 23개는 난자에서, 다른 23개는 정자에서 온 거야.
- 나는…… 좀 혼란스럽긴 해도 행복해.

수정이 일어난 뒤로 거의 24시간이 지났는데 이제서야 알게 되었어. 정자 하나하나, 난자 하나하나가 갖고 있는 DNA가 아무리 비슷해 보여도 각각 다 다르다는 거야. 그것은 같은 커플이라도 서로 다른 수정으로는 똑같은 자식이 절대 나올 수가 없다는 거야.

나는 유일무이한 존재야. 만약 오늘 승리를 쟁취한 것이 다른 정자였거나 혹은 엄마가 난자를 몇 시간만 일찍 내보냈다면 지금의 나는 누구였을까?

나는 나야. 유일하고 다시 있을 수 없는 존재지.
나는……
유일무이해.

……그래도

뭔가……

재미있는 것을 하고 싶어!

그런데 저 가운데서는 무슨 일이 일어나고 있는 거지?

안 돼!

내가 복제되고 있잖아!

앰뷸런스를 불러 줘!

으악~~~~!

혹시 나한테서 소식이 없으면 내가 산산이 부서져 죽었다는 거야. 엄마의 나팔관 세포들만이 매혹과 공포가 어우러진 나의 죽음을 목격하겠지.

안녕. 비록 1,423분 동안만 함께 있었을 뿐이지만 즐거웠어. 사랑해. 내 세포질이 이 페이지 위에 얼룩을 남기지 않기를 바랄게.

으악!

짠!

로렌조가 들려주는 이야기

* 이탈리아어로 나팔관을 의미하는 'Tubo'는 실크해트를 가리키는 말이기도 하다.-옮긴이

2

나의 첫째 주: 배반포

세포의 분화와 자궁 내 착상

제2일

안녕? 안녕?

내가 내가 *복제* 복제 *되었어* 되었어.

맞아 맞아, *하지만* 하지만 *이런* 이런 *식으로는* 식으로는 *글을* 글을 *쓸* 쓸 *수가* 수가 *없네* 없네.

한 번씩만 쓰자.

그래, 좋아.

야! 2번 세포! 끼어들지 말라니까.

나는 너한테 대답하는 중이었을 뿐이야. 그리고 내가 2번 세포라니, 그건 누가 정하는 건데? 우리는 동년배라고.

동년배? 유식한 인간 나셨네! 백번 양보해서 우리가 함께 태어났다고 하시겠단 말씀? 1번이 되려고 하는 2번 세포라니, 기가 막혀서!

무슨 말을 하는 거야? 우리는 아주 똑같다니까. 우리는 동일한 모세포, 그러니까 수정란에서 태어난 딸세포라고!

아이구, 그러셔?

그러는 너는 도대체 몇 살이나 먹었는데 그래?

30시간.

나는 성숙해지고 있어. 지금 내가 분열하고 있는 게 보이지? 난 벌써 다세포체가 되었다고, 봐. 그리고 내 일기에는 내가 쓰고 싶은 이야기를 쓸 거야. 내게 더 성숙한 해결책이 있어. 번갈아 가면서 각자 일기에 자기가 쓰고 싶은 이야기를 쓰는 거야. 그게 더 낫잖아? 아니야?

좋아. 각자 자신의 길을 가자고.

31시간 후

세포 1

안녕. 난 막 태어난 세포에게서 막 태어난 세포. 삶은 이미 험난하네. 오, 정말 시적이지 않아? 내가 크면 아마 뇌 세포가 될 거야. 너무 똑똑하잖아. 여기 옆에 있는 짜증 나는 애는 아마 피부 세포가 될 것 같아. 그러면 때 밀 때 확 밀려 나가겠지. 하하하하!

세포 2

안녕. 이 잉태 기간이 엄청 길게 느껴질 것 같아. 똑같은 수정란에게서 태어난 딸인데 어떻게 이렇게 다를 수가 있는지 모르겠어. 저 애는 얼마나 머리가 모자란지 자기 생각을 여기다 써 놓으면 나도 읽을 수 있다는 생각도 못 하는 것 같아. 수정이 제대로 되었으니 이제는 엄청나게 많은 일이 벌어질 거야. 그런데 엎친 데 덮친 격으로 질투심 많은 쌍둥이까지 있다니!

세포 1

안녕. 내 옆에 있는 저 짜증 나는 애가 쓴 글을 살짝 엿보았어. 쌍둥이라는 말을 하던데, 무슨 짓을 하려고 하는지 알겠어. 나한테서 분리되어 나가려는 거야! 나쁜 년!

지금 우리는 동일한 수정란에서 나온 두 개의 딸세포인데 동일

한 하나의 개체 안에서 결합되어 있을 수도 있어. 그런데 내가 더 예쁘고 더 똑똑하다 보니까 쟤가 나에게서 떨어져 나가서 나랑 똑같은 한 사람을 만들어 내서는 날 모든 면에서 다 따라 하려고 하는 거야. 내게서 독립된 존재로서! 흥, 잘못 생각하는 거지. 나는 **일란성 쌍둥이***가 되려는 생각은 전혀 없거든. 흔하게 일어나는 일도 아니고. 물론 출산 300번 중에 한 번꼴로 일어나기는 하지만 말이야. 이것은 두 개의 서로 다른 난자와 두 개의 서로 다른 정자가 수정해서 태어나는 이란성 쌍둥이와는 달라. 이건 그냥 동일한 사람이 둘로 나뉘는 거야! 클론의 공격이지! 아이구!*

그런 일은 생각만 해도 끔찍해. 나와 똑같은 사람은 원하지 않는다고! 심지어는 DNA조차도 똑같을 거라니까. 손가락의 지문만 다를 거라고……. 그러니까 우리한테 손가락이랑 손가락 지문이 생기면 말이지! 우리 부모님은 우리한테 옷도 똑같이 입히실

거고 그러면 사람들이 "어머! 너희들 쌍둥이니?" 하고 묻겠지. 그리고 학교에서는 일부러 반을 바꿔 보고는 학급 친구들이 우릴 알아보는지 시험도 해 볼 거고, 그러다 보면 우리 정체성에 혼란이 올 거고, 그래서 서로 머리 길이도 다르게 자르려고 할 거야. 그러니까…… **안 돼!**

계획을 세워야겠어. 지원이 필요해!

내 적의 숫자를 넘어서기 위해서 날 복제해야 할 순간이 도래했어. 모든 게 다 잘되었으면 좋겠어. 수정이 된 직후에 어떤 수정란들은 세포분열을 하는 초기에 죽어 버리거든. 하지만 나는 컨디션이 아주 완벽한 상태야. 그러니까 분열을 하자.

세포 2

안녕. 당연한 일이지만 나는 내 쌍둥이가 한 시간 전에 쓴 글을 전부 다 읽었어. 나와 달라지겠다는 말을 하던데. 그 애와 나는 서로 다른 종류의 세포가 될 거라는 거지. 솔직히 말하자면 그런 생각은 해 본 적이 없었어. 정말 놀라운 일이지? 내가 다른 뭔가가 될 수 있다니! 물론 내가 난방 보일러가 될 수는 없어. 내가 말하는 건 인간의 신체를 구성하는 약 200가지 종류의 세포 중 하나가 될 수 있다는 말이야. 선택의 여지가 정말로 많지 않아? 가능성이 무궁무진하지? 여기 내 속에는 200가지의 다른 세포가 될 수 있는 설명서가 들어 있어. 난 무엇이 될까? 귀의 연골을 만들어 내는 연골 세포? 아침식사로 세균을 먹는 백혈구? 와아!

나와 내 옆에 있는 애는 **만능줄기세포**야. 이것이 우리의 초월적 잠재력이라고! 그런데 지금 생각해 보니 연골 세포나 백혈구로 분화하기에 앞서서 정말 많은 중간 단계가 있어! 나도 분열할 운명이야. 어디 계산을 좀 해 보자. 하나의 수정란에서 우리 둘이 태어났고 우리 둘이 동시에 분열을 한다면 각자에게서 또 다른 2개의 세포가 태어나니까 세포의 숫자는 총 4개가 돼. 그리고 그 세포도 또다시 분열을 하면 우리는 8개가 될 거고 그다음에는 16개, 32개…… 음…… 만약 우리의 딸세포들이 모두 다시 분열을 한다면 신생아가 되기까지 총 41번의 단계가 필요해! 45번의 단계를 거치면 성인이 되는 거고. 이런 멋진 단계를 거치기 위해서 이제 날 복제하는 모험을 할 일만 남았네!

45시간 - 둘째 날

세포 1

전투 일지. 수정으로부터 2일째. 전쟁 시작 첫째 날. 바리케이드 이쪽 편에 있는 우리의 숫자는 둘로 늘어났어. 하지만 나의 적이 우리 쪽에 스파이를 보냈었는지 우리 전략을 베껴 버렸어. 그래서 걔도 둘로 분열을 했어! 도대체 또 어떤 수상쩍은 계획을 짜고 있는지 모르겠네.

아무튼 우리는 자매결연 같은 심연으로 끌려 들어가지 않도록

최선을 다할 거야. 자매결연은 그로타페라타(Grottaferrata)나 방되브르(Vandoeuvre)처럼 유명해지고 싶어 하는 지방 도시들이나 계속 추진하라고 해. 우리의 계획은 이거야.

먼저 머지않아 엄마로부터 영양을 공급받아야 될 시점이 올 거야. 지금은 아직 우리를 탄생시키기 위해 장렬하게 전사한 수정란 장군님이 남기신 세포질을 이용하고 있어. 하지만 곧 분열을 하기에는 공간도 에너지도 부족해질 거야. 보급 물자가 부족해질 텐데 우리 군대의 군인 수도 늘려야 하지만 배식도 필요해. 이 나팔관 속에서 유영하는 것도 가능한 한 빨리 끝을 낼 거야. 계산을 해 봤는데 수정이 일어난 나팔관의 구부러진 장소—팽대부라고 해—에서 12센티미터에 달하는 거리를 여행해야 우리의 베이스캠프가 될 자궁에 도달할 수 있어. 우리 혼자서는 거기까지 움직일 수 있는 능력이 안 되지만 다행스럽게도 나팔관 수축과 섬모가 우리를 밀어서 몇 시간 안에 자궁까지 도달하도록 해 줄 거야. 우리는 거기에 —필요하다면 무력을 써서— 자리를 잡고 우리에게 영양을 공급해 줄 수 있는 조직을 만들어 달라고 엄마에게 요

*청할 건데 그 코드명은 '**융모막**'이야. '사나운 융모막'과 같이 뭔가 공격적인 이름을 지어 줄 예정이야. 그런데 우리의 적이 우리의 양분을 공짜로 가로채서 도망갈까 봐 걱정돼. 절대 안 되지! 그래서 강한 장벽을 만들 거야. 바로 우리를 안에 담고 보호해 줄 막이야. 그 안에 액체를 만들어 놓을 거야. 코드명은 '**양막**'이야 잊어버릴 수가 없겠지?*

12일째 되는 날까지는 교대로 보초병을 세워야겠어. 그때까지는 우리 세포들이 분열을 하다가 쌍둥이로 분리될 수 있거든. 만약 이런 분리가 초기에 일어나면 자궁 안 서로 다른 부분에 자리를 잡고 각자 자신의 양막과 융모막을 갖고 살게 될 거야. 만약 9일이 지난 다음에 분리가 일어나면 결합 쌍생아(샴쌍둥이)가 될 수도 있어. 쌍둥이 출산 중 약 1%에서 이런 분리가 일어나는데 임태기간을 끝까지 채우지 못할 위험이 매우 커. 아무튼 12일이 지난 다음에는 보초는 그만 서고 우리도 휴가를 좀 다녀오고 싶어.

세포 2

이것 좀 봐! 우리 분열했어! 정말 환상적이야. 이 기쁨을 이 옆에 있는 애들이랑 함께 나누고자 했지만, 그 애들은 뭐가 불만인지 우리가 인사를 할 때마다 왈왈거리네.

참내, 그 애들 얘기는 그냥 하지 말자.

우리는 그 무엇으로든 분화할 수 있는 분화전능성을 갖고 있어. 그러니 뭐가 될지 상상하면서 시간을 보낼래. 무엇이든 될 수 있는 이 능력을 잃어버린다는 것은 정말 안타까운 일이야. 내가 자라서 어린아이가 되면 내 몸의 일부 세포가 일단 죽거나 손상된 다음에는 더 이상 교체되지 않을 거야. 이런 초능력은 생명의 초기 단계에만 존재하는 거라고! 몇 년 후 어쩌면 저 밖에 있는 과학자들이 세포에게 다시 우리처럼 만능으로 돌아갈 수 있는 법을 가르칠지도 몰라. 그럼 좋겠지. 특히 어떤 질병의 치료와 같은 특정한 경우에는 유용하게 쓰일 거야……. 우린 이제 곧 자궁에 도달해. 거기에는 혈관이 풍부한 조직으로 형성된 **자궁내벽**이 우리를 맞이할 준비를 하고 있을 거야. 여자아이가 사춘기에 접어들면 한 달에 한 번 난자가 배출되기도 하지만 동시에 혹시 수정된 난자가 도달할 경우 맞이하기 위해서 자궁내벽도 두꺼워지기 때문에, 그곳에 우리를 위한 준비가 되어 있지 않을 리가 없어.*

만약 그 어떤 난자도 수정되지 않는다면 자궁은 슬픔에 잠겨 꽃 장식을 떼어 내며 말하겠지. "이번 달에도 여기 아무도 안 왔네." 따라서 자궁내벽이 떨어져 나가 질을 통해서 배출되면서 혈액의 손실이 있게 되는데, 이를 **월경**이라고 불러. 이런 현상은 매월 주기적으로 일어나기 때문에 이를 **월경 주기**라고 부르지.

생물에 있어 가장 좋은 전략은 수정이 분명하게 일어날 때 필요할 경우에만 조직에 혈관을 많이 생성하는 것이겠지. 그렇지

---

* 보통은 자궁내벽이 자궁을 덮고 있지만 어떤 경우에는 여성 생식기관의 다른 부위에 '잘못' 증식할 수도 있어. 이를 자궁내막증이라고 부르고 이탈리아의 경우 25~35세 여성 10명 중 1명에게 발생해.

않으면 에너지도 세포도 쓸데없이 소모하고 온통 지저분해지는데 그건 누가 치우며……. 하지만 너도 알아챘겠지만 우리 인간이란 종은 #**다다익선**이란다. 도대체 왜 다른 많은 생물종처럼 1년에 한두 번 발정기에만 교미하고는 새끼를 낳고 그것으로 끝내지를 않는 걸까.* 그렇게 하면 **매달** 난자나 정자, 자궁내벽 등등 다른 많은 것을 허비하지 않아도 될 텐데 말이야. 꼭 28일마다 집에서 멋진 잔치를 준비하면서 전부 다 요리해 놓고 하나도 먹지 않는 것과 마찬가지라니까. 손님이 언제 올지는 모르지만 혹시라도 오면 준비는 다 되어 있겠지. 아무도 안 오면 어쩔 수 없고. 하지만 이번에는 우리가 있어.

그러니까 이번에는 잔치를 벌이자! 우리를 복제하자!

77시간 - 나올때 되는 날

휴전

지난 몇 시간 동안 8개 세포로 구성된 '쌍둥이 반대'파와 또 다른 8개의 세포로 구성되어 있으면서 내가 속해 있는 '도대체 무슨 헛소리를 하는 거야?'파 사이에 유감스러운 사건이 있었어.

---

* 교미기에 포유류 암컷들은 교미를 할 수 있어. 만약 수정이 안 일어나면 우리 인간과는 달리 자궁내벽이 크게 손실되지 않고 재흡수되지.

평화로운 분위기 조성을 위하여 양측은 결코 서로에게서 분리되지 않을 것이며 통통한 허벅지를 지닌 건강한 개체를 탄생시키기 위하여 협력할 것을 약정한다. 재결속한 전체의 이름으로 우리 자신에게 '오디배'라는 이름을 부여하기로 한다. 현재 우리의 16개(머지않아 32개가 될 것임) 세포의 모습이 복분자 딸기와 비슷하기 때문에. 실제로도 '오디배'는 '오디'라는 뜻이고, 이름 선발대회에서 '슈퍼 블러스터 모털 리로디드 16세'라는 이름을 2표 차로 이겼어.

끝으로 세포 공동체는 수정 이후에도 여전히 존재하는 투명대가 이제는 불필요할뿐더러 자궁 조직에 방해가 되기만 하기 때문에 없애기로 한다. 몇 시간 후면 우리가 굴러갈…….

기술적으로는 우리가 벌써 도착했지만 어디에 닻을 내릴 것인가에 대해 모두의 동의를 얻기가 힘들었어. 저기 저쪽은 너무 축축해, 여기 이쪽에는 엘리베이터가 없어, 난 사실 바다가 보이는 장소를 원한단 말이야……. 이런 식으로 말이야. 새로운 소식이 있으면 또 알려 줄게.

제6일

자궁 내 착상을 위한 완벽한 장소를 마침내 찾아냈습니다.

보고를 시작하기에 앞서서 수정이 일어난 지 5일째 되는 날 세포 수가 64개로 늘어나자마자 오디배의 이름을 바꿔야 한다는 주장이 나왔다는 사실을 알려 드립니다. 이제는 다음과 같은 이유로 **배반포**라고 부르기로 했습니다.

A. 안에 액체가 차 있는 작은 웅덩이가 형성되었는데, 이 액체는 몇 주가 지나면 양수가 될 것이며 오디 안에 수영장이 있는 경우는 듣도 보도 못했기 때문입니다.
B. 이 외에 'Bunny_Love_#64'라고 부르자는 제안이 있었습니다.

이름에 대한 투표가 과거에 있었던 불화를 재점화시키는 바람에 배반포는 과제를 나누기로 결정했습니다. 세포 일부는 융모막을 형성하고 엄마의 자궁내막 조직과 협상을 해서 음식과 물품을 받아 올 것입니다. 이 팀의 이름은 **세포영양막**이라고 합니다.

나머지 세포들은 양막 내부에 개체가 될 진정한 신체를 만드는 일을 하게 됩니다. 몇 주가 지나면 이는 배아라고 부르게 될 겁니다.

이런 이유로 **배아모체**라는 이름을 제안하였으며 찬성 가결되었습니다. 하지만 금방 '배아 단추'라는 이름으로 바뀌었습니다. 단추와 정말 닮았기 때문입니다. 우리가 아직 단추가 뭔지도 모르는 상태이기 때문에 그런 것을 안다는 것이 이상하긴 하지만 말입니다. 오디가 뭔지도 모르는 건 마찬가지지만 아무튼요.

하지만 그 직후 갑자기 모두가 침묵하기 시작했는데, 그것은 바로 어떤 사실을 깨닫는 바람에 불안해졌기 때문이었습니다. 우리가 이제는 전능 분화력을 갖고 있지 않다는 사실 말입니다.

세포영양막의 세포들은 이제 결코 배아가 될 수 없을 것이고 그 반대의 경우도 마찬가지이기 때문입니다.

이제는 전능 분화력은 없어지고 **만능** 분화력만 갖게 되었습니다. 그것이 의미하는 것은 인체를 구성하는 200여 종 남짓한 세포 중 무엇이든 될 수 있지만 세포영양막의 세포는 결코 될 수 없다는 것입니다. 이후로는 세포가 분화될 때마다 점점 더 전문적으로 구분이 될 것입니다. 모든 딸세포는 점차 다른 무엇이 될 수 있는 능력이 줄어들 것이고 머지않아 동일한 기능을 하는 조직이나 세포만 형성할 수 있게 됩니다. 이를 **다분화력**이라고 하며 우리 인체의 200종 세포 중 일부 세포만 형성할 수 있게 됩니다. 그러다 결국에는 한 가지 능력, 그러니까 전문화된 특정 세포가 될 수 있는 능력만을 갖게 될 것입니다.

여기서 보고를 마칩니다만, 지금부터 우리가 하는 모든 선택은 이제 취소가 불가능하다는 사실을 인식하면서 커다란 무게감을 느끼게 되었습니다. 그래요, 지금 우리는 만능 분화력을 갖고 있습니다.

제7일

세포영양막이 남기는 최후의 말

혹 누군가 독자 중에 이 글을 읽고 있는 사람이 있다면 그것은 우리 세포영양막이 이제 존재하지 않는다는 것을 의미해.

하지만 세상에 이 사실만은 꼭 알리고 싶어.

우리 덕분에 아기가 태어날 거라는 사실을! 저 배아모체의 생각 없는 애들은 장난이나 치면서 시간을 낭비하고 있어. "애들아, 우리 다음 주에 배엽을 두 개 만들자!", "아니, 세 개 만들자!", "그래! 그럼 나는 내배엽을 만들어야지!", "그럼 나는 중배엽 위에 척삭을 만들 거야." 이런 식으로 말이야.

어리석은 애들!

얼마나 많은 에너지와 감탄사를 허비하고 있는 건지, 또 자신들이 죽어 간다는 사실도 모르고 있다니까!

어떻게 우리가 배아모체의 세포들을 살렸는지 설명해 줄게.

무엇보다도 먼저 매달 일어나는 것처럼 자궁내막이 떨어져서 밖으로 배출됨으로써 우리가 끔찍한 최후를 맞이하지 않도록 해야 했어. 그래서 엄마의 자궁내막과 다른 분비샘, 그리고 우리 세포영양막 사이에서 **호르몬**이라고 부르는 화학 신호를 교환하였지. 교환한 메시지는 간단하게 말하자면 다음과 같아. "아무것도 떼어 내지 마, 우리한테 음식을 보내 줘!"

다행스럽게도 자궁내막은 우리를 받아 주기 위해 만들어진 것 같았어. 배반포 전체가 이것의 점막 안으로 들어갔더니 바로 사용할 수 있도록 당이 준비되어 있었거든.

다행이야. 우리가 계속 분열을 하다 보니까 점점 더 작고 약해져 있었거든. 하지만 자궁내막한테 수태 기간이 끝나기까지 남은 273일 동안 계속 당을 공급해 달라고 구걸할 수는 없는 노릇이지. 그래서 근본적인 해결책을 선택해야 했어. 저 무정한 배엽을

살리기 위해서는 희생이 필요했지. 따라서 우리 세포영양막의 세포들은 다시 한번 전문적으로 분화하기로 했어. 첫 번째 단계는 우리 모두 아기에게 영양을 공급하게 될 커다란 하나의 조직으로 합쳐져서 자궁내막과 맞닿는 막을 형성하는 거야. 우리가 모두 합쳐졌기 때문에 이름도 바꾸었어. 바로 **합포체영양막***이야.*

이제 우리는 출생까지 우리를 이끌 최종 계획을 시행하기 위한 도구를 갖게 되었어.

지난번 보고서처럼 이번에도 이 아래 글로 써서 남겨 놓을게.

- *일단 엄마의 자궁에 제대로 뿌리를 내리는 것이 중요해. 그래서 엄마에게서 양분을 취할 수 있도록* **융모막융모***라고 부르는 뿌리와 비슷한 돌기를 성장시킬 거야. (작전 시작: 수정 후 둘째 주)*
- *하지만 엄마 신체 속을 돌아다니는 안 좋은 것들은 제외하고 양분*만*을 추출할 수 있도록 조심해야 해. 어떻게? 간단해. 자궁의 작은 핏줄들을* 파괴*시키면 돼. 그러면 피 웅덩이가 형성되고 여기서 융모막융모가 가스, 양분과 태아가 올바르게 성장하는 데 필요한 모든 것을 교환할 수 있어. 문제를 해결하는 방법으로 너무 잔인하다는 것 나도 알아. 하지만 적어도 이렇게 하면 배아와 엄마의 혈액이 직접 맞닿는 일이 절대 일어나지 않을 거고 따라서 세균과 독소, 그리고 다른*

안 좋은 것들이 들어오는 것을 방지할 수 있어.
천재적이야. 잔인하지만 천재적이야.

(작전 시작: 수정 후 셋째 주 말)

- *이제는 앵커링 구조의 확대가 이어질 거야. 이제는 이 정박 구조물을 더 확장해서 보다 강력한 형태인* **태반***으로 변화시킬 거야. 태반은 일종의 세관과 같은 기능을 하면서 엄마에게서 태아에게로 무엇을 통과시키고 무엇을 통과시키지 않을지 결정할 거야. 따라서 엄마가 흡연자이거나 알코올 중독자이거나 상한 홍합을 먹더라도 태반이 이 모든 위험한 물질들을 막으려 시도할 거야. 성공했으면 좋겠어. 성공하지 못한다면 엄마가 상식적으로 행동하시기를 바랄 수밖에.*
태반은 또 임신이 계속 유지되게 하기 위한 호르몬도 생성하게 돼. 사실상 신체에서 가장 바쁜 화학적 전령을 만들어 내는 공장이 될 거야! 태반은 또 태아가 버리는 물질도 제거할 거야. 그러니까 이 모든 일을 우리가 다 해야 돼.

(최종적인 태반 생성: 셋째 달)

- *태아와 엄마 사이에 영양물질과 가스의 교환이 일어날 수 있는 최대 50~60센티미터의 고속도로 건설.*
코드명: **탯줄** *(예상 작전 시간: 6개월)*

- *아기가 분만이 될 때 태반 또한 배출되어야 해. 이 과정은 마치 다시 분만하는 것과 같아서 '태반 분만'이라고 해. 그래서 자연 분만의 경우에는 아기가 나온 다음에는 태반도 질을 통*

해 나와야 해. 하지만 이 분만의 과정은 그리 잘 알려져 있지 않은데, 왜냐하면 태반을 보는 것은 썩 기쁜 경험이 아니기 때문이야. 꼭 500그램 정도 되는 허파를 보는 것 같거든. 그렇게 보기가 좋지가 않아. 그래서! 아무도 태반을 보지도 않고 감사하지도 않고 기억하지도 않아. 아무도 우리를 기억하지 않아.

우리는 배아만큼 영웅도 아니지만 배아가 꼭 필요로 했던 거야. 그럼 안녕.

로렌조가 들려주는 이야기

왜 여자들은 월경을 월경이라 부르지 않고 다른 이름으로 부르는가?

3

나의 첫째 달: 배아

최초의 기관 형성과 혈액 순환

제8일 - 수정으로부터 2주 차

안녕?

오늘 우리는 엄마의 자궁내벽 안에 거의 완전히 자리를 잡으면서 '집 짓기' 작전을 완수했어. 그런데 작전 완수와 동시에 저 세포영양막의 밉살스러운 세포들이 불러도 대답을 안 하고 있어.

허! 지금으로서는 다시는 서로 안 만날 것 같아.

아무튼 우리 배아모체의 세포(지금까지 생성되었던 세포 중에서는 우리가 제일 중요하다는 것을 기억하자고. 우리는 사람이 될 거기 때문이야!)는 잘 지내고 있어. 양분의 형태로 엄청난 양의 에너지를 받기 시작했기 때문에 이를 이용해서 우리를 복제하고 분화를 했어. 멋지지! 엄마의 자궁에 착상되기 전에는 세포 수가 두 배 되는 데 약

12시간이 걸렸다면 이제는 한 시간이면 충분해.

또 다른 멋진 소식이 있어. 이제는 작은 생활 공간 안에만 있지 않아도 돼. 우리가 원하는 만큼 얼마든지 커질 수 있어. 지금까지는 우리가 분할되어 각각이 두 개의 세포가 될 때마다 크기가 더 작아졌어. 케이크와 비슷해. 케이크 하나를 8조각으로 잘라 나누어 주면 각자 예쁜 조각을 하나씩 받게 되겠지만, 만약 64조각으로 나누어야 하면 어떻게 되지? 다 부스러기가 되겠지.

하지만 이제는 자궁내벽 덕분에 모두가 케이크를 받을 수 있는 거야!

아! 멋지다. 공짜 음식을 원하는 만큼.

이제 무슨 문제가 생길 수 있겠어?

제16일 - 3주 차

말세가 닥친 것 같아.

미리 예견을 해야 했어. 젠장!

무한한 자원이 공짜로 주어지면 무슨 일이 벌어지지? **과식을 하지.** 바로 그런 일이 벌어졌어.

감자튀김, 케이크, 설탕이 들어간 청량음료로 가득 찬 생일상을 매년 계속 받으면 어떻게 되는지 인간은 아직도 전혀 배우지 못한 거야?

그런 일이 여기도 일어났어.

지난 며칠 동안 우리는 어느 정도 기강과 질서를 잡기 시작했었지. 세포 덩어리에 불과했던 우리는 위와 아래에 겹쳐져서 놓인 둥근 원반 모양의 배엽 두 개로 분화해서 예쁘게 정렬했어.

세포 하나하나의 크기가 다 커졌고 복제되면서 원반이 넓어졌어. 하지만 위층에 있는 세포들이 아래층에 있는 세포들보다 더 빨리 복제를 하면서 도를 넘기 시작했어. 항상 위층 사는 사람들이 문제라니까! 꽃에 물 주면서 우리 집 발코니까지 다 더럽히고, 한밤중에 높은 굽 구두를 신고 춤을 추지 않나, 의자를 시끄럽게 끌지를 않나.

그러니까 어제는 위층 세포들이 배엽을 마치 종이접기 하듯이 접어야겠다고 마음을 먹었지. 그러고는 멋있어 보이려고 그걸 **배엽 형성**이라고 부르기로 했어. 어이! 거기 위로 세운 닭 볏 좀 숙여 봐! 하나도 아니고 두 개나 만들어 놨네. 그래서 현 시점에 높은 곳에서 위층에 있는 배엽을 내려다보면 마치 작은 골짜기처럼 보일 텐데 이것을 **원시선**이라고 하고 골짜기 시작 부분의 작게 움푹 들어간 것을 **원시고랑**이라고 해. 이 지점에는 나중에 각각 척추와 뇌가 생길 거야. 물론 아주 중요해. 하지만 여기서 우리 공로를 모두 앞에서 일일이 따지지는 말자고, 알았지?

아무튼 위층 세포들은 그것으로도 성에 안 찼는지 미친 듯 복제를 하기 시작했고 자기들 아래로 다른 세포들을 만들어 냈어.

그래서 어떻게 되었냐고? 그 결과로 두 개의 원반 모양 배엽 사이에 세 번째 배엽이 생겼어.

여자아이가 되고 싶었는데 햄버거가 되고 말았지.

세부적으로 말해서 위에 있는 빵 조각은 **외배엽**이라고 하고 피부와 신경 조직을 비롯한 많은 것의 출발점이 될 거야. 중간에 있는 햄버거 패티는 **중배엽**이라고 하고 근육과 뼈를 비롯한 많은 것의 출발점이 될 거야. 그리고 아래 있는 빵 조각은 **내배엽**이라고 하고 많은 것의 출발점이 될 텐데, 대부분의 소화기관도 거기 포함돼.

그럼에도 불구하고 우리가 성장하기 위한 일들은 잘 진행되고 있는 것 같아. 그래서 우리 작은 세포들은 우리가 존재한다는 것을 엄마에게 알리기 위해서 뭔가를 하기로 했어.

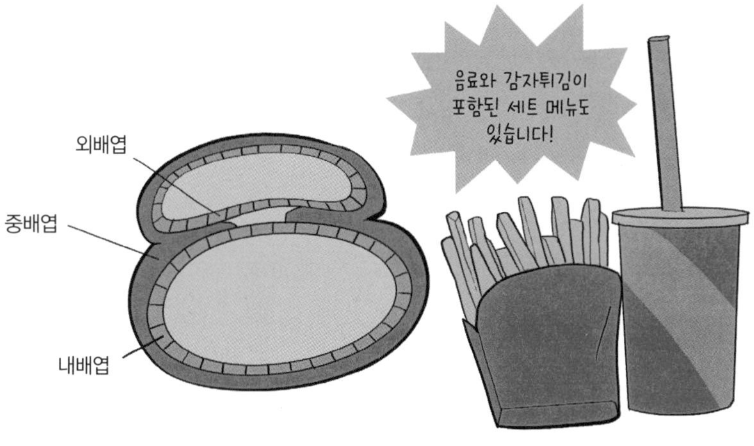

여러 의견을 수집했는데 그중에는 맞춤형 폭죽을 터뜨리자는 것도 있었고, 여기 이 아래에서 바로 생방송으로 라이브 스트리밍을 하자는 의견도 있었어. 하지만 사실 우리는 지금 쌀알보다도 조금 작은 크기에 불과하다고. 그래서 여기 자궁 안에 있는 우리가 할 수 있는 것이라고는 호르몬을 끊임없이 만들어 내는 일 정도인데, 그중에서도 특히 '**베타-hCG**'를 생성해. hCG라는 말은 '사람(human)'의 h, '융모성의(chorionic)'의 C, '생식샘자극호르몬(gonadotropin)'의 G를 따온 약자야. 이제 왜 약자로 부르는지 알겠지? 하도 길어서 이름을 다 부르기도 전에 벌써 애 태어난다니까! 우리가 어찌나 많이 만들어 내는지 엄마가 이것을 소변으로 배출하게 돼. 바로 그래서 임신 테스트를 오줌으로 하는 거야. 미량의 베타-hCG를 찾아낼 수 있거든! (으엑!)

이 호르몬은 임신이 앞으로도 계속 유지되게 도와주기도 하지만 앞으로 9개월 동안 난소에서 다른 난자가 새로 생성되는 것도 막아 줄 거야. 산다는 것이 벌써 이렇게 힘든데 한 달 후에 또 새로운 배반포가 와서 여기 자리 잡겠다고 하면 어떻게 하겠어.

자궁은 다 우리 거야. 수태도 우리만 될 수 있어. 엄마도 다 우리 거야!

자, 베타-hCG를 또 좀 생성해 보자!

제22일 - 4주 차

엄마가 구역질을 해.

우리가 못된 세포여서 그런지 몰라도 이 사실이 너무 웃겨.

그러니까 우리는 베타-hCG 호르몬 양을 늘리면 엄마가 구역질을 한다는 것을 알아냈어.

그래서 잠깐 행동을 멈추고 얘기를 나눴어.

"얘들아, 엄마의 자궁 안에 자리를 잡고 양분도 빼앗아 가면서 우리가 너무 은혜를 모르는 거 아닐까?"

한 1분 정도 그랬을까. 그러고는 다시 베타 호르몬의 양을 두 배로 늘렸어.

물론 우리가 일부러 그러는 건 아냐. 제대로 착상이 되려면 베타-hCG가 필요하단 말이지! 우리 잘못이 아냐. 다행스러운 소식은 이 구역질이 언젠가는 멈춘다는 거야. 그게 아니면 엄마가 익숙해지거나, 아님 우리가 태어나지. 보통 구역질은 두 달 정도 가지만 남은 임신 기간인 34주 내내 구역질이 나지 않으란 법도 없

어. 그나저나 임신 기간과 관련해서 말인데, 엄마는 보통 임신 기간에 두 주를 더해서 계산한다는 거 알아? 그러니까 지금 내가 존재한 지가 두 주 되었다면 엄마는 임신한 지 한 달 되었다고 하거든. 이건 엄마가 정확하게 수정이 일어난 날짜를 모르니까 임신 기간을 마지막 생리일로부터 계산하기 때문에 그래. 이게 이해가 안 돼. 언제부터 존재했는지 나는 정확하게 알고 있는데 말이지! 그래서 나는 그냥 내 기준에 따라서 시기를 계산할 거야.

이것 봐, 이것 봐! 또 엄마 헛구역질이 시작됐어! 우웨에엑!

정말 웃기다.

아! 그나저나 내가 '우리'가 아니라 '내가'라고 말하고 있어!

그냥 세포 무더기처럼 말하는 게 아니라, '나'라고 1인칭 단수형으로 말하고 있다는 거지! 감동이야! 느낌표를 너무 많이 찍고 있는데 그만 찍어야겠어.

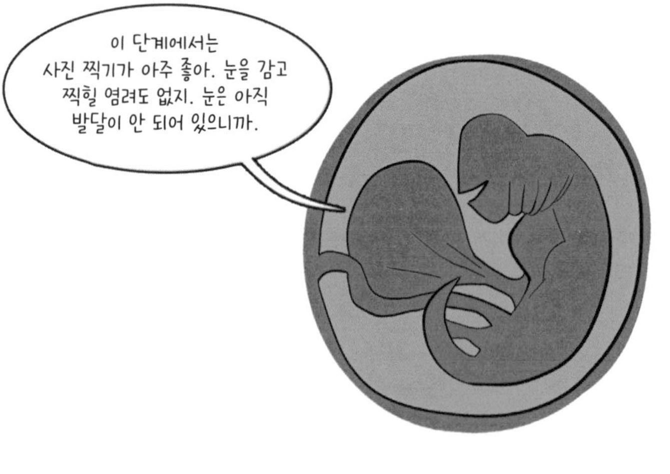

나는…… 한 사람이 된 것 같아. 에이, 알았어, 작은 사람. 아니, 더 정확하게 말할게. 한 **배아.** 그래.

날 좀 봐, 난 정말 멋져! 내게는 위아래가 있고 왼쪽과 오른쪽도 있어. 전에는 그냥 둥근 세포였다면 이제는…… 이제는 뭔가가 되었어! 그으래애, 알았어! 질겅질겅 씹어 놓은 고무 찰흙 같아. 그래도 여전히 멋져.

아주 예뻐. 내가 배아이긴 하지만 그래도 여자라니까.

제23일

안녕?

내가 어떻게 생겼는지 알려 줄게. (꼭 낭만적인 2000년대 채팅 같네.)

자궁에 착상이 된 다음, 나는 나만의 작은 방 안에 자리를 잡았어. 물론 사춘기가 되어도 그러겠지만 그때는 소리를 더 많이 지르겠지. 이 방은 **태낭** 혹은 **태아 주머니**라고 해. 이 방의 벽에는 엄마의 피와 양분 및 가스를 교환하는 데 필요한 조직이 달려 있어. —내가 자란 다음이라면 좋아하는 밴드의 포스터를 붙여 놓았겠지만 말이야.— 이름은 태반이라고 해. 조직의 이름 말이야. 엄마 말고.

이 태반에서 양분을 나에게 운반하기 위한 관이 내 몸의 중간, 내 배가 생성되는 지점까지 이어지는데 그 관을 탯줄이라고 해.

아기들이 태어난 다음에는 이 탯줄을 잘라 내. 다른 포유류 경우에는 엄마가 이빨로 잘라 내는데 우리는 다행스럽게도 가위를 발명해 냈지. 보통은 아빠한테 자르게 하는데(치아가 아니고 가위로 말이야) 자신도 쓸모가 있다고 느끼게 하기 위해서지. 약 열흘 정도는 아기의 배에서 이 탯줄 일부가 튀어나와 있을 거야. 보기에는 예쁘지 않지만 나중에 말라서 떨어져 나가.

지금 이 순간 내 배에는 뭐가 잔뜩 있어. 왜냐하면 거기에서 또 뭐가 튀어나와 있기 때문이야. 사실 그 크기는 거의 나만 한데 바로 **난황 주머니**야. 그게 뭔지 제대로 기억하는 사람이 없고(꼭 동방박사들의 몰약처럼 말이야) 그 이름에 대해서도 논란이 분분하지만 이 기간에는 정말로 중요해! 얼마 후 다시 재흡수되면 말하는 것을 잊어버릴 수도 있으니 그 전에 중요한 기능 몇 가지는 강조하고 싶어.

난황 주머니의 기능

(이름이 엄청 해괴하지만 내가 지은 이름이 아니야.)

1. 일부 양분을 제공해. (물론 탯줄도 나한테 음식을 가져다주지만 살면서 항상 음식이 집까지 배달 오는 건 아니잖아? 있을 때 다 받아먹는 게 좋다니까!)
2. 최초의 혈액세포를 생성해. 아, 그래, 피. 혈액 생성하는 것을 잊어버리면 안 돼. '붉은 액체가 없으면 죽으니까 꼭 생성해야 해.'라고 메모를 해 놔야 돼.
3. 내게 최초의 생식세포, 그러니까 난자가 생기게 해 줘. 이해했는지 모르겠는데 난자가 가득 들어 있는 여자의 몸 속에 미니 난자가 가득 들어 있는 미니 여자가 생겨나고 있는 거야. 놀라운 일 아냐?

지금 이 순간 아주 빠르게 모든 난모세포들이 생성되고 있고 내가 사는 동안 이것들이 다시 생성되는 일은 없을 거야. 그리고 난모세포 내부에서는 내 DNA가 임의로 혼합되고 있어서 미래에 내가 낳는 딸들 하나하나가 모두 유일무이하고 특별할 거야.

우스운 일은 실질적으로 내게 필요한 300~450개(내가 가임기에 하게 될 월경의 숫자야)의 난모세포만 생성되고 있는 게 아니라는 거야. 생성되는 난모세포의 수는 말 그대로 수백만 개야. 다만 이 중 대부분은 퇴화될 거야. 다시 말하지만 우리 인간은 *#다다익선*의 종이라니까.

게다가 450번의 월경이라고 하면 엄청나게 많아 보이지만 간단하게 계산해 봐도 내 나이가 약 50세가 되면 몸 안에 남아 있는 난자가 없게 되고 더 이상 아이를 갖지 못하게 될 거야. 다른 말로는 **폐경**에 들어서는 건데, 이때는 내 신체도 갑작스러운 열기를 느낀다거나 하는 많은 변화를 겪게 될 거야. 또 문화센터에서 하는 댄스 코스에 등록하고 싶은 욕구가 격렬하게 올라오는 사람도 많겠지만, 그것은 몸 속에 난자가 없다는 것과는 상관이 없는 것 같아…….

남자들에게도 지금 이 시기에 생식세포가 생성이 돼. 하지만 큰 차이점이 있는데 남자들의 경우는 사춘기 시기부터 시작해서 전 생애에 걸쳐서 고환 안에서 정자세포가 계속해서 생성이 되겠지만 나의 경우에는 생식세포가 지금만 생성되고 이후로는 생성되지 않는다는 거야.

우리 여자들은 일을 빨리 끝내 놓는 것을 좋아하는 거야. 반면 남자들은 100세에도 아버지가 될 수 있는 거지. 물론 노인이 되면 정자세포 생성력이 느려지지만 어쨌든 아이를 아직 가질 수는 있어. 이 단계는 남성 갱년기라고 불러.

항상 그렇듯이 우리 여자들은 뭐든 더 잘해.

그러니까 다시 정리하자면 지금 엄마의 자궁 속에는 태반, 탯줄, 난황 주머니…… 등등이 있고 끝으로 내가 있어!

나는 **양막낭**이라고 부르는 반투명한 주머니 안에 든 **양수** 속에 있는데 양수는 충격에서 나를 보호하고 다른 많은 유용한 기능을 해. 여기에 대해서는 뒤에서 얘기해 줄게.

양막 주머니와 난황 주머니, 양막 주머니와 양수.

아무튼, 양수 안에 잠겨 있는 나는 다시 한번 형태를 바꾸고 있어. '햄버거'의 다음 단계에서 나의 몸은 길어지기 시작해. 이제는 머리가 어느 쪽에 달리는지도 명확하게 이해할 수 있게 되었어. 보이니? 저 아래쪽에 튀어나온 것도 보여? 그게 팔과 다리가 될 거야!

그리고 여기 목 위에는 아가미가 생기고 있고 저 아래 바닥에는 척추의 시원체가 형성되고 있어. 그리고 아주 예쁜 꼬리도 있어.

…….

………….

…………………….

잠깐.

도대체 아가미와 꼬리는 왜 형성되고 있는 거지?

인간에게는 아가미도 꼬리도 없어.

잠깐! 작업을 멈춰, 설명서에서 잘못된 페이지를 펼쳤어!

도대체 무슨 일이 벌어지고 있는 거야?!

지난 24일 동안 나는 여자아이가 되는 줄 알았어.

그런데 너는 **고질라**가 되는 거야.

끝장이야.

제25일

내가 바다 괴물이 되는 일은 없을 거야.

'다행히도'라는 말을 넣고 싶지만, 아가미와 꼬리가 있다는 생각에 거의 익숙해졌어. 보라색 조개를 브래지어로 삼아 해변에서 노래를 하면서 지나가는 왕자를 좀 유혹하는…… 눈부신 인어가 되었을 거야. 크기는 콩알만 하지만 아무튼 아주 눈부신.

하지만 알아봤더니 아무런 오류도 없었어! 원래 이렇게 되는 거였어. DNA도 나도 실수한 게 아니었어. 사실 DNA는 신체의 특정 부분을 형성한 다음에 그것을 파괴하도록 프로그래밍되어 있어. 말도 안 되지?

이제 며칠 지나면 내게도 생겨날 손가락을 예로 들어 보자. 마치 튜브를 짜면 쭉 나오는 치약이나 나뭇가지에서 싹트는 잎사귀처럼 손가락이 손바닥에서 튀어나와서 길어지는 게 아니야. 그와 반대로 주걱 같은 것이 먼저 생겨난 다음 손가락 사이의 부분이 없어지는 거야.

그러니까 내 손가락은 더하기가 아닌 빼기를 통해서 만들어지는 거지.

다만 이 경우에는 조각가도 대리석 덩어리도 다 나야.

꼬리의 경우에는 더 심해. 왜냐하면 꼭 배아의 발달 과정에 무슨 오류가 있는 것처럼 보이니까. 실제로도 꼬리는 생성되었다가 이후 재흡수돼.

그 이유는 DNA에서 찾아볼 수 있어. 우리의 '조립 설명서'를 오류가 없는 완벽한 책자로 생각해서는 안 돼. 그것은 대충 적어 놓은 내용에 각주, 수정, 복사와 붙여넣기가 가득한 종이에 더 가까워. 콜라주와 비슷하지.

콜라주된 여러 조각들은 아주 오래된 우리 선조, 심지어는 수백만 년 전에 물에서 드러난 뭍 위로 올라와 육지에 생육하게 된 최초의 동물들, 그러니까 현재의 물고기나 양서류 등 꼬리가 있는 동물들로부터 물려받은 것이거나 이후 수정된 것이야.

다른 말로 하자면 나 또한 수백만 년에 걸친 진화의 결과이기 때문에 꼬리가 튀어나왔던 거야.

쉽게 말하자면 '꼬리를 만들어.'라고 적혀 있었다가 그 이후에 '아니야, 그러지 말고 꼬리뼈가 되게 하자. 왜 엉덩이 쪽으로 넘어졌을 때 엄청 아픈 데 있잖아.'라고 고쳐 적는 거지.

물론 DNA에 딱 이렇게 적혀 있는 것은 아니야. 하지만 어쨌든 이해했지?

오류처럼 보이는 것이 사실은 믿을 수 없을 만큼 신기하고 심오한 변모의 과정인 거야.

내 **아가미 주머니**를 예로 들어 보자. 내 머리(아직까지 이것을 '목'이라고 부르기에는 좀 무리가 있으니까) 아래쪽으로 다섯 개의 오목한 부분이 생겨났어. 만약 엄마와 아빠가 물고기였다면 이 시점에 생성되는 것은 진짜 아가미가 될 거야. 즉 물 안에서 숨 쉴 수 있게 해 주는 기관 말이야.

반면에 우리 인간에게 있어서 이 네 개의 '주머니' 각각은 서로 다른 것이 될 거야. 예를 들어서 첫 번째 아가미 주머니를 보자. 이것은 미래에 귀 내부에 있는 막으로, 소리를 듣는 데 필수적인 고막이 될 거야.

멋지지 않아?

세상에, 너무 감동해서 심장이 튀어나올 것 같아.

두둥 - 두둥 - 두둥 - 두둥.

오, 하느님 맙소사.

너도 들었어?

심장 소리야!

심장이 뛰고 있어!

심장이, **내** 심장이, 뛰기 시작했어!

내가 첫 번째 신체기관을 만들어 냈어!

내게 심장이 있어!

《오즈의 마법사》의 양철 나무꾼이 날 엄청 질투할 것 같아.

제30일 - 수정일로부터 한 달

처음에는 내가 너무 감격을 하는 바람에 내 심장이 미친 듯이 뛰는 줄 알았어.

분당 100번이면 나쁘지 않지. 그런데 잠이 들 때면 150번으로 어른의 두 배가 뛰었어. 꼭 달리기를 할 때처럼.

그런데 나는 움직이지 않고 있다고. 아직 팔과 다리는 없고 네 개의 돌출부만 있으니까 말이지.

처음에는 팔의 시원체가 생겨났고 그다음에는 다리가 생길 거야. 개구리가 되려는 올챙이하고는 반대지.

그런데 심장은 정말 많은 일을 해야 돼. 혈액, 내 피를 거의 1센티미터나 되는 내 몸 전체로 운반해야 되니까 말이지.

내 몸이 아주 작아 보일지 모르지만 사실은 세포 수가 엄청나게 많아.

이 세포 각각은 양분과 산소를 필요로 하는데, 이 두 가지 다 엄마에게서 공짜로 받아서 쓰는 거야.

심장의 형성은 섭리에 의한 것이야. 내가 굉장히 작았을 때는 산소와 양분이 확산과 삼투라고 부르는 현상에 의해서 단순하게 날 통과해 갔어. 하지만 내가 성장하기 시작하면서 이 세포의 '연료'들이 내 몸의 모든 부분에 도달하는 것이 점점 힘들어졌지. 뭔가를 만들어 내지 않는다면 가장 안쪽에 있는 세포에는 연료가 공급되지 않을 거야.

처음에 나는 '지렁이'형의 해결책을 선택하려고 했어. 몸을 꼭 국수 가락처럼 만드는 거지. 그렇게 했다면 이 좁은 직경을 통해서 양분과 산소가 몸 안의 어디에나 도달할 수 있게 되었을 거야. 그러면 나는 지렁이 형태의 몸에 만족하고 살아야 되지. 하지만 다시 생각해 보니, 그럼 나는 여자아이가 아니라 문 아래 끼워 넣는 문 틈막이와 더 비슷해 보일 거였기에 이 생각은 포기했지.

그래서 결국은 가장 힘든 해결책을 선택할 수밖에 없었어. 즉 신체의 세포 각각에 모두 양분을 이송해 줄 수 있는 도로를 만드는 거지. 지금은 그렇게 힘든 일 같지가 않지만 완성된 신체를 생각해 봐. 마치 토목 공학자한테 "30조 채의 집과 연결되는 도로를 만들어 줄래?" 하는 것과 마찬가지라니까! 그러면 공학자는 기절하거나 직업을 바꾸겠지. 그럼에도 불구하고 이게 유일한 해결책이야. 내가 설계하지 않아서 천만다행이야. 운 나쁘게 얻어걸린 공학자가 설계할 필요도 없어. 모든 것이 다 DNA에 적혀 있으니까.

DNA 속에는 아주 촘촘한 혈관 네트워크 형성을 위한 설명서가 있고, 이제 내 신체 내에서도 만들어질 거야. 이 작업의 최종적인 목적은 이 혈관들이 총 90,000~120,000킬로미터 길이로 가지를 뻗어서 신체의 모든 세포 가까이로 지나가도록 하는 거야.

네가 이해했는지 모르겠는데 만약 성인이 자기의 혈관을 모두 길게 펴 놓으면 지구를 두세 바퀴는 돌 수 있을 거야.

이런 촘촘한 그물망은 또 내 신체의 세포가 계속해서 만들어 내는 쓰레기—찌꺼기와 이산화탄소—를 치우는 데도 필요하다는 것을 알아 둬야 해. 일하고 복제하는 것은 힘들고 많은 에너지를 소모하고 쓰레기도 많이 생성해. 네가 무엇을 궁금해하는지 알겠어.

"그럼 이 쓰레기는 다 어디로 가는 거야?"

멋진 질문이야!

쓰레기는 태반을 통해서 엄마한테 줘. 그러면 엄마가 알아서 다 청소를 해 주시지.

알고 보면 앞으로도 한 20년 동안은 엄마가 계속 내 방을 청소해 주실 거야…….

나 정말 나쁜 애지, 나도 알아.

그래, 알았어. 계속 이런 식으로 지낼 수는 없어.

내 쓰레기를 나 혼자 처리하는 방법에 대해서도 생각해 봐야겠어. 어휴…….

알았어, 다음 달부터는 알아서 할게.

…….

뭐라고? 내일?

내일 벌써 수정일로부터 둘째 달이 시작돼?

와, 정말 다사다난한 인생이다.

생각해 보면 인생이 시작된 지 아직 한 달밖에 안 되었는데 말이지.

로렌조가 들려주는 이야기

인간에게 꼬리가 있을 때 일어날 수 있는 네 가지 비극

4

2~3개월: 태아

소화계와 호흡계

수정으로부터 5주 차

안녕?

오늘은 내가 존재하기 시작한 날로부터 정확히 한 달을 채운 후 이제 둘째 달이 시작된 날이야.

나는 이제 내 성장을 하루 단위가 아닌 일주일 단위로 계산하기 시작했어. 원래 좀 크면 그러는 거야. 그리고 내가 태어나고 나면 엄마는 한 달 단위로 계산하실 거야. 그러다가 열두 달이 지난 다음부터는 월 단위로 계산하는 것을 그만두셨으면 좋겠어. 나는 숙성 치즈가 아니라 엄마 딸이니까 말이지.

이제 나도 어엿하게 알아볼 수 있는 작은 사람이니까 이름도 바꾸어야 할 때인 것 같아. 이제 나를 **태아**라고 불러 줘.

사실을 말하자면 이제부터는 내 몸이 만들어지는 이 중대한 과정에 있어서 완전히 새롭거나 커다란 변화는 없을 거야. 지금까지는 알지 못할 미래에 대해 기대와 떨림이 컸었지. 엊그제만 해도 난 공 모양의 세포 하나에 불과했는데…… 눈 깜짝할 사이에, 짠! 여기 벌써 두 개의 팔이 생겼지. 알겠어? 하지만 이제부터는 그렇지 않을 거야.

맞아. 그래, 이제부터는 이미 만들어진 것이 완벽해지는 과정이 될 거야. 내가 인간이라는 것, 여자 아기라는 것은 벌써 확인할 수 있거든. 이제는 결코 디플로도쿠스가 될 수 없는 거지. 슬퍼? 나는 조금 슬퍼. 52미터짜리 길이의 공룡이 된다면 좋았을 텐데 말이지. 지금부터 앞으로는 16~18년 동안 이미 내 몸에 있는 것들

이 계속해서 성장하고 조절되기만 할 거야.

어쩌면 내가 스스로의 가치를 낮게 평가하고 있는 건지도 모르겠어. 생각해 보면 겨우 한 달 동안 수정란에서 1센티미터짜리 미니어처 인간으로 변모했는데 그게 전혀 평범한 일은 아니야. 나의 야심 찬 새로운 목표는 빛을 보고 엄마 자궁 밖에서도 살기 시작하는 거야.

자, 독립적인 인간이 되기 위한 나의 계획을 간략하게 적어 보았어.

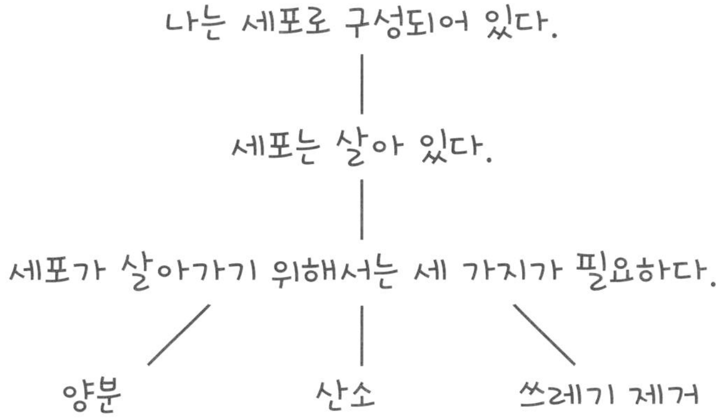

따라서 나에게는 다음의 것들이 필요해.

1. 내게 양분을 가져다주는 많은 세포.
2. 나에게 산소를 마련해 주는 많은 세포.
3. 쓰레기를 배출할 수 있는 많은 세포.

쉽지?

아, 까먹은 게 있었네.

4. 영양분과 산소를 사방으로 운반하면서 나머지 세포들에게 나누어 주는 많은 세포.

음……. 이렇게 적으니 너무 대충 적어 놓은 것 같다. 이 각각의 '많은 세포'에게 정확한 이름을 붙여야겠어. 이렇게 하면 아마 이해가 더 잘될 거야.

동일한 기능을 하는 '많은 세포'는 **조직**이라고 해.

특정한 임무를 수행하기 위해서 함께 협력하는 '많은 조직'은 **기관**이야.

더욱 복합적인 기능을 위해 협력하는 '많은 기관'은 **계통** 혹은 **기관계**라고 해.

이 모든 것이 함께 **개체**(나의 경우에는 작은 사람)를 형성하지.

따라서, 앞에 적은 목록으로 다시 돌아가면 나는 다음의 것들이 필요한 것이지.

1. 소화계통
2. 호흡계통
3. 비뇨계통
4. 순환계통

이제 더 정확해졌지. 조직이라고 하니까 꼭 폭력 조직 이야기를 하는 것 같아서 이름을 바꿀까 하고 생각하고 있기는 한데……. '루이지'라는 말은 어때?

바꾸게 되면 나중에 알려 줄게.

6주 차

엄마가 임신한 지 두 달이 지나가고 있고 마침내 나는 어느 모로 보나 어린아이와 비슷해졌어. 꼭 강낭콩처럼 몸무게는 겨우 1그램밖에 안 나가고 길이도 1.6센티미터밖에 안 되지만 말이지.

나는 머리도 있고(아주 커) 얼굴에서는 코, 눈, 귀, 입의 모든 감각기관의 시원체가 엿보이기 시작했어. 나는 정말 멋진 태아라니까!

그나저나 우리 이제 영양분에 대해서도 이야기를 해야겠어. 탄생의 순간까지 내 모든, 음…… 조직은 나의 혈액으로부터 맛있는 맘마를 계속해서 받게 돼. 기억할 것은 내 혈액은 맘마를 태반에서 제공받는 거고, 또 태반은 맘마를 엄마의 혈액에서부터 제공받는다는 거야. 그럼 엄마는 **어디서** 그 영양분을 제공받는 거지?

내가 알기로 엄마가 가는 슈퍼마켓에는 내가 필요로 하는, 더 정확하게 말하면 내 세포가 필요로 하는 영양분과 똑같은 것은 팔지 않지. 엄마가 먼저 필요로 하는 것은…… 바로 **음식**이야.

음식은 파스타 한 접시나 머랭처럼 다양한 형태를 지닐 수 있지만 항상 신체에 유용한 일련의 분자들로 이루어져 있고 '단백질', '비타민', '지질', '미네랄', '탄수화물', '루이지' 등의 잘 알려진 이름으로 불리고 있지.

하지만 만약 내 세포들에게 김이 솔솔 나는 밥 한 공기를 바로 준다면 세포가 양분을 섭취할 수 있을까? 당연히 아니야. 믿기 힘들지?

음식은 너무 복잡해. 밥에 있는 분자는 너무 크고 그 수도 많아. 단순하게 만들어야 해. 녹이고 쪼개야 해.

그러한 과정에 붙이는 정확한 명칭은 바로 **소화**야.

쉽게 말해서 만약 세포가 식당에 갔는데 백반 정식을 주면 세포는 슬퍼하면서 배고픔도 해결하지 못해.

하지만 만약 똑같은 백반 정식에서 뽑아낸 단순 영양소로 된 맘마를 준다면 세포는 행복해하면서 열심히 먹을 거야.

그래서 나는 세포가 양분을 섭취할 수 있도록 분해 장치를 준비했고 그 이름을 **소화계**(통)라고 부르기로 했어. 소화계는 음식을 적합한 영양분으로 바꾸어 놓는 일을 해. 이 과정 전체는 음식을 해체하는 **입**에서부터 시작돼. 해체라니 끔찍스럽게 들리지만 사실은 아주 기분 좋은 일이야. 바로 음식을 씹어서, 다른 말로 **저작운동**을 통해 해체를 하거든.

입안에서 일어나는 소화 중 치아의 잘게 부수는 과정을 통한 소화는 물리적인 것이고 침으로 인한 소화는 화학적인 것이야. 침을 많이 생성하기 위해서 나는 6개의 **침샘**을 준비했어. 나는 침을 침뱉기 게임을 할 때하고 바다에 가서 물안경 닦을 때 사용할 거야. 그리고 특히 밥 먹을 때 점심밥을 사전 소화시킬 때 쓸 거야.

맛있는 음식의 사진이나 냄새만 맡아도 침샘이 활성화되어서 입안에 침이 고이게 하는 데는 충분해.

내가 나중에 음식을 씹을 수 있게 되었을 때 내 입으로 들어오는 것은 잘 씹은 **곤죽**이 될 거야. 내가 아기일 때는 식탁에서 나와 함께 앉은 누구에게나 입을 벌려서 입안의 음식을 보여 주겠지. 난 사랑스럽고 재미있는 아기니까. ("입안으로 들어온 새가 어떻게 됐게? 까꿍!")

음식을 씹은 다음에는 그 씹은 음식물의 곤죽을 혀로 밀어 삼키지.

그러면 이것은 **식도**라는 근육으로 덮여 있는 관을 타고 내려가는데, 식도는 치약을 짜는 것과 동일한 방식으로 쥐어짜듯 음식물을 아래로 내려보내. 차이점은 이 소화관이 짜는 방식은 더 어려운 이름으로 불린다는 거지. **연동운동**이라고.

음식물이 약 20센티미터를 내려가면 어떤 주머니로 떨어지는데, 여기서 약 2시간을 보내면서 아주 작은 영양 물질로 완전히 해체돼. 이 주머니는 **위장**으로, 소화효소와 염산으로 무장하고 있으면서 이를 사용하는 데 주저함이 없어.

위장은 음식물을 모두 삼켜 버린 다음 입구와 출구를 봉인하는데 이것은 음식물에게 끔찍한 2시간이 될 거야. 산에 녹고 근육으로 된 위장벽에 의해 섞이고 효소에 의해 분자로 작게 쪼개지면서 물과 영양소와 산으로 가득한 곤죽인 **미즙**이 되는 거야.

미즙은 위 속에 있어서 토하지 않는 한은 볼 수 없어. 하지만 위장 근육벽이 수축하면서 토를 하면 미즙 웅덩이를 보게 되지. 상한 홍합처럼 뭔가 끔찍스러운 것을 먹었는데 신체가 그것을 알아채면 토를 해서 최대한 빨리 몸에서 내보내는데, 무척 잘하는 거야.

하지만 불안과 같은 심리적 이유로도 토를 할 수 있어. 임신할 때도 마찬가지인데, 이것에 대해서는 지난 달부터 입안의 역겨움과 식도의 따가움을 자주 느끼는 엄마가 아주 잘 알고 계셔. 역겨움과 따가움은 둘 다 위 속에 존재하는 염산 때문이야. 네가 무엇을 궁금해하는지 알겠어. 어떻게 위장은 자신이 생산하는 염산으로 자기 자신을 소화하지 않는 거지? 인간은 세포로 이루어진 스테이크를 먹어서 소화할 수 있는데 어떻게 똑같이 세포로 이루어진 자기 자신을 파괴하지 않는 걸까?

강물 같은 점액. 점액의 바다. 위장의 벽은 일종의 젤라틴 같은 보호 물질인 점액을 생성하고, 이 점액 덕분에 위장벽을 공격할 수가 없지.

삶의 모든 문제도 그런 식으로 해결할 수 있다면 좋겠는데 말

이야. 안 그래? 갑작스러운 선생님의 구두 시험? 얍! 점액이 나를 둥글게 에워싸면 난 천하무적이 되는 거지.

멋진 생각을 떠올렸더니 좀 피곤해져서 이제 쉬러 갈래. 다음 주에 다시 소식 들려줄게. 안녕!

7주 차 - 2.3cm × 2g

안녕?

나는 정말 놀라운 속도로 성장하고 있어. 길이에 있어서도, 무게에 있어서도. 너도 보았겠지만 이제 매주마다 일기를 쓰면서 내가 얼마나 성장했는지도 적어 놓기로 했어. (내가 얼마나 예뻐졌는지도 적고 싶었지만 그것은 센티미터나 그램과는 다르게 측정할 수가 없는 거라서 말이지.)

다시 우리가 하던 얘기로 돌아가자. 위장이 미즙과 **위액**, 그러니까 산+효소+점액으로 가득 차 있을 때의 얘기를 하고 있었지.

그다음에는? 소화가 끝난 다음에는 무슨 일이 일어날까?

미즙으로부터 좋은 것을 추출해서 이를 몸을 돌며 양분을 나누어 주는 일을 하는 혈액으로 전달해 줄 기관이 필요해. 그것은 바로 **소장**(작은 창자)이야. 신체에서 가장 긴 기관으로서 그 표면은 얼마나 흡수력이 강한지 키친 타올은 상대도 안 되지.

만약에 사람이 어렵사리,

- 음식을 구해서 요리한 다음에
- 그것을 씹고,
- 삼키고,
- 소화까지 시켰는데……

결국 영양분을 흡수하지 못한다면 얼마나 슬프겠어!

- 소장은 매우 길어: 사람 신장의 두 배 정도 돼.
- 흡수력이 매우 높아: 장의 내부 표면 전체가 **장 융모**라 부르는 아주 작은 잔털로 덮여 있는데 이것은 장의 흡수력을 높여 줘. 수건이나 목욕가운과 비슷한 원리를 사용하지. 잔털로 덮여 있는 것은 더 잘 흡수하기 위해서야! 내가 어른이 되었을 때 내 배 속에 있는 장의 표면적은 32제곱미터, 즉 교실 크기보다 조금 작을 거야.

내가 소화계를 설계하면서 이 지점에 도달했을 때, 문득 나는 뭔가 문제가 있다는 것을 알아챘어. 만약 위장과 소장이 연결되어 있다면 미즙과 위액이 소장에 도달하면서 소장을 녹여 버리지 않겠어?! 32제곱미터의 넓이에서 매번 밥 먹을 때마다 점액을 생성할 수는 없는 거라고. 감기가 아무리 심하게 걸린 아이라도 콧물을 그렇게 많이 만들어 내지는 못하지 않겠어? 처음 소화를 시키면서 내 소장이 벌집이 될까 봐 불안에 떨면서 이 문제에 대해 곰곰이 생각했어. 그러다가 내가 위장 뒤쪽에 뭔가를 만들려고 하던 참이라는 것이 생각났지. 평생에 걸쳐 나의 소장을 보호해 줄 그 기관의 이름은 바로 **췌장**이야!

이 샘은 관을 통해서 소장 안에 **췌장즙**을 분비할 거야. 췌장즙은 음식의 소화를 완성시키는 액체로서 흡수도 도와주지만 특히 산을 중화시킨다고!

문제를 해결했다는 사실에 기뻐하고 있을 때 **간**도 내게 말했어. "나도, 나도 소장에 무엇을 분비하고 싶어!" 위장 위에는 신체에서 가장 크고 가장 활동적인 샘이 있어. 그래서 나는 간에게 대답했지. "간아, 하지만 너는 몸에서 다른 499가지의 하는 일이 있잖아?!" 그랬더니 간은 이렇게 대답했어. "맞아, 그냥 500개 채우게 **담즙**도 생성하게 해 줘!"

그래서 내 간은 신체에 중요한 500가지(정말이라니까!) 기능을 수행하게 되었어. 예를 들자면 간은 혈액을 정화하고, 영양분을 신체가 필요로 하는 것으로 바꾸고, 오줌과 똥의 색도 결정해.

네가 알아챘듯이 담즙이라고 부르는 이 녹색빛의 액체도 생성을 할 텐데, 이것은 특히 지방의 흡수에 사용될 거야. 간은 담즙 전체를 **쓸개**(담낭)라고 부르는 작은 주머니에 담아 놓았다가 그것을 작은 관을 통해 소장에 보낼 거야.

그래서 정리해 보자면,

- 미즙과 위액이 첫 번째 장(정확하게는 소장) 안에 들어가.
- 산을 중화하고 소화와 흡수를 돕기 위해서 췌장과 간이 췌장즙과 담즙을 소장 안으로 분비해. 이를 통해 곤죽이 다른 것으로 바뀌기 때문에 미즙이란 이름도 바꾸어야 돼. 이제는 **유미**라고 부르자.

이제부터 유미는 쥐어짜지고 흡수되며 24~48시간의 긴 여행을 하다가 소화계의 마지막 부분인 **대장**에 도착하게 돼. 여기에는 유미를 먹어 치울 준비를 하고 있는 수십 수백억의 미생물이 기다리고 있어. 그것은 우리가 먹는 음식의 상당 부분을 우리 홀로는 소화시키지 못하기 때문인데, 특히 그중에서도 식물의 소화가 어려워. 소화계 내에 사는 미생물 공동체—다른 말로는 **미생물총**— 덕분에 우리가 옥수수나 야채 샐러드 같은 특별한 음식을 먹을 수 있는 거야.

우리 배 속에 세 들어 살고 있는 이 재미있는 친구들은 기체 폐기물도 만들어 내는데, 우리 인간은 즉시 이를 방귀의 형태로 밖으로 배출해. 이렇게 웃기는 미생물총을 어떻게 좋아하지 않을 수 있겠어?

현재 여기 엄마 배 속에 있는 나에게는 미생물이 없어. 하지만

저 밖은 미생물 투성이야. 내가 태어나서 핥게 될 모든 물체의 표면에 엄청 많이 있어서 곧 나의 미생물총이 될 거야. 그래, 태어나서 첫해에는 보는 물건마다 입안에 집어넣을 거거든.

너는 뭐가 그렇게 우스워?

조심해, 안 그러면 너를 장 융모에 흡수되지 않은 유미와 똑같은 끝을 보게 해 줄 테니까 말이지. 그러니까 **똥** 같은 폐기물이 되게 하겠다고.

뭐? 기분 나쁘다고? 똥 싸는 일은 지극히 자연스러운 일이야. 내가 태어나자마자 가장 먼저 할 일 중의 하나이기도 하다고. 지금은 못 싸. 아직은 음식을 먹지도 씹지도 않고 있거든. 하지만 그래도 양분은 섭취하고 있어. 혈액에서 필요한 양분을 바로 받으면서 말이지. 그렇기 때문에 약간의 쓰레기를 내 장 속에 쌓고 있기는 하니까 걱정하지 마.

태어난 다음에는 검고 찐득거리는 똥을 싸서 이 물질을 내보내서 엄마, 아빠를 깜짝 놀라게 만들 거야. 온 세상이 벌벌 떨게 될 이 똥의 무시무시한 이름은 바로 **태변**이야. 음하하하하!

그리고 우유를 소화하기 시작하면 녹색 똥을 쌀 거야. 만약 엄마가 나한테 모유만을 먹이시면 강렬한 노란색의 똥을 누겠지만 만약 분유도 먹이신다면 갈색이 될 거야. 그러다가 이유식을 먹기 시작하면(그러니까 고체 음식도 먹기 시작하면) '브라운의 50가지 그림자'가 뭔지 보여 줄 거야. 그 다양한 나의 똥 색을 보며 우리 부모님은 시간 가는 줄 모르고 끊임없이 대화하실 수 있겠지.

8주 차 - 3.1cm × 4g

안녕?

내 세포들에게 어떻게 식량을 공급하면 좋을지 알게 되었어. 그러나 너도 기억하겠지만 세포는 양분뿐만 아니라 산소도 필요로 하지. 그렇지 않으면 에너지를 만들어 내지 못해. 이 에너지는 많은 것에 필요하지만 특히나 생명을 유지하고 신체를 작동시키기 위해 필요해!

내가 이해하기로 이 산소라고 하는 기체는 저 바깥세상에서 찾아볼 수 있는 것이기 때문에 무엇보다도 먼저 구멍을 통해 산소가 들어올 수 있도록 해야만 했어. 다행히도 나는 마침 입을 만들고 있었고 거기 더해서 코에다가 구멍을 두 개 더했지.

콧구멍을 입과 연결시킨 다음 엄마가 임신한 지 6~9개월 사이에는 제대로 작동하는 호흡기가 완성될 거야.

그리고 몸에 들어온 산소는 영양분을 흡수하는 소장이 하는 것과 비슷한 일을 하는 기관을 통해 혈액에 흡수되어야 해. 이 일을 하는 기관은 **허파**(폐)로, 여기 내 가슴 위치에 있어. 그럼 내가 태어난 다음 숨을 쉴 수 있게 되었을 때 산소가 허파까지 도달하는 경로를 알려 줄게. 코나 입을 통해서 몸 안으로 들어온 기체는 **인두**를 통해 아래로 쭉쭉 내려가서 **후두**에 들어가. 이곳에는 공기만 들어가고 음식은 못 들어가는데 그것은 목구멍 속에 있는 도로의 가로 분리대와 같은 역할을 하는 막 덕분이야. 그것은 **후두덮개**라고 부르는데 음식을 먹을 때는 후두덮개가 후두 위를 덮어. 그러면 씹은 음식이 허파로 들어가는 일이 없지. 하지만 음식을 먹다가 기침이나 웃음이 터져 나오면 이 덮개가 공기를 내보내기 위해서 위로 올라가고 따라서 섭취한 음식물이 잘못된 경로로 들어갈 수가 있어. 운이 좋다면 켁 하고 뱉어 낼 수 있지만 최악의 경우에는 숨이 막힐 수도 있지. (기억할 것: 먹을 때는 웃지 말자.)

공기는 후두를 지나 계속 내려가서 식도 앞에 있는 관인 **기관**을 지나가. 그다음에는 나누어져 두 개의 **기관지**를 통과한 다음, 이번에는 무수히 많은 막다른 좁은 골목과도 같은 **세기관지**로 들어가지.

여기서 잠깐. 성인 개체가 필요로 하는 산소 전체를 어떻게 단 몇 초 사이에 혈액에 전달할 수 있을까? 이 의문에서 나의 천재적인 발상이 나왔지. 16주째가 되면 각각의 세기관지 끝부분에 **허**

파꽈리(폐포)라고 부르는 둥근 공들을 만들 거야. 이 공 하나하나는 아주 미세한 혈관인 **모세혈관**들로 감싸이지. 만약 각각의 세기관지를 모세혈관 하나로만 덮었더라면 혈액 전체에 산소를 공급하는 것은 불가능했을 거야. 하지만 이렇게 함으로써 둥근 폐포의 표면 전체를 모세혈관으로 덮을 수 있게 된 거지. 최대한 넓은 표면적을 말이야!

그러다가 포도 송이처럼 생긴 폐포 끝 부분뿐만 아니라 세기관지 전체에 모세혈관을 깐다 해도 안 될 이유가 없다는 것을 깨달았지. 그래서 내 허파가 이렇게 완성이 되었어. 평균적으로 4억 8천만 개의 폐포로 구성되는 스펀지 같은 허파 기관의 표면은 소장과 비교해 두 배의 흡수력을 갖고 있지. 그렇게 해서 내가 어른이 되면 단 1분도 채 안 걸리는 시간 안에 5리터에 달하는 혈액으로 산소를 공급할 수 있게 되는 거야. 바로 나의 **호흡계** 덕분에 말이야.

정말 멋지지 않아?

9주 차 - 4.1cm × 7g

재미있는 게 뭔지 알아?

내가 벌써부터 이 멋진 기관들을 만들고 있지만 소화계나 호흡계를 사용하기 시작할 때는 내가 태어난 다음이라는 거야. 지금은 내게 이미 소화된 영양소와 산소를 자신의 혈액을 통해 전달해 주는 엄마 덕분에 불로소득으로 먹고살고 있으니 말이야.

미래에 대한 기대감으로 벌써부터 내 피가 끓어올라서 말인데…… 말이 나온 김에 내 피도 만들어야겠어!

처음에 내 심장은 수축하는 관과 비슷했고 내 피는 묽은 죽이나 다름없었지만 조금씩 조금씩 멋진 **순환계**가 될 것의 기반을 만들고 있어. 물론, 심장과 혈액은 내가 태어난 후 며칠이 지나야 최종적으로 완성이 되겠지만 지금 이대로도 만족하고 있다고 할 수 있지.

혈액은 두 가지 성분으로 이루어질 거야.

- 대부분(55%)은 액체로 이루어질 거야. 이것은 **혈장**으로서 대부분은 물이지만 그 안에 여러 가지 복잡한 작은 것들이 녹아 있어. 단백질, 호르몬, 이온 등등이 그것이지. 만약 신체 내에서 뭔가를 어디에 놔둘지 잘 모르겠다면 혈장 안에 두면 될 거야.
- 혈장을 제외한 나머지는 세포로 구성돼. 혈액 속 세포 중 가장 숫자가 많은 것은 **적혈구**(약 43%)로, 산소를 태워 운반하는 자동차와 비슷해. 새빨간 색 모델로 좌석 수는 4개(산소가 앉을 자리), 조종성이 뛰어나고(모세혈관 안을 통과하기 위해 유연함), 시장에 많이 나와 있어 쉽게 찾아볼 수 있어(25조 개로, 신체에서 가장 숫자가 많은 세포).

다음은 세포 조각인 **혈소판**(약 1%)으로, 가장자리에 접착성이 있으며 혹시 모세혈관에 상처가 나면 복구를 할 수 있어. 내가 나중에 무릎이 처음으로 까졌을 때 피가 철철 나서 죽지 않는다면 그것이 바로 혈소판 덕분일 거야.

끝으로 **백혈구**(남은 1%)는 박테리아나 바이러스 같은 나쁜 것들로부터 나를 보호할 거야.

지금은 모든 것이 잘 풀려 나가는 것처럼 보여. 무엇보다 내 혈관이 완전한 새것이고 혈액도 아주 깨끗하거든. 아직 나는 불량식품을 몸에 넣거나 콜레스테롤로 내 혈장의 흐름을 막은 적도 없어. 동물성 콜레스테롤이 과도하게 혈관 안에 축적되면 순환이 어려워지고 심장마비나 뇌졸중 같은 심혈관 질환의 위험이 높아져.

하지만 사는 동안 아무리 동물성 지방을 피해 본다 하더라도 혈액 속에 해로운 물질이 남는 것은 피할 수가 없을 거야. 다음 주에는 나의 지독한 적인 **이산화탄소**에 대해 얘기해 줄게. 해결해야 할 문제가 한도 끝도 없다니까.

10주 차 - 5.4cm × 14g

안녕?

나는 아직 태어나지도 않았는데 벌써 청소를 하고 정리를 해야 돼. 슬프지 않아?

신체로 혈액을 실어다 나르는 이 멋진 작은 혈관계를 만들어 낸 것에 대해 아직 기쁨을 제대로 누리지도 못했는데 벌써 큰 문제를 하나 발견했어. 세포들이 양분과 산소를 받으면 여러 가지 멋지고 유용한 것들을 할 수 있지만 쓰레기도 많이 만들어 낸다는 거야.

꼭 소풍이 끝나면 항상 뒤처리를 해야 하는 것과 비슷해!

지금은 가장 많이 나오는 쓰레기인 이산화탄소에 대해 집중을 해 보려고 해. 세포 하나에 산소 하나가 들어갈 때마다 세포 밖으로는 이산화탄소(CO_2)가 나와.

처음 이 사실을 알았을 때는 절망의 심연으로 추락했었지. *내 신체의* 세포 하나하나*로부터 나오는* 독성 *가스를 청소할 수 있는 시스템을 내가 어디서 찾아낸단 말이야?* 하면서 훌쩍거리며 울었어.

그러다가 우연히 가장 최근에 썼던 일기를 다시 읽었어. 그러니까 나한테 어디에나 도달할 수 있는 순환계만 있는 것이 아니라 그 안에 상당히 많은 적혈구가 있어서 각각의 세포에서 생성된 이산화탄소 전체를 제거할 수 있다는 것을 기억하게 된 것은 모두 네 덕이야!

그래서 나는 긴급 회의를 소집했어. 여기에 그 내용을 정리해 줄게.

"친애하는 적혈구 여러분, 산소를 세포에 가져다줄 수 있나요?"

"물론이죠, 전혀 문제 없어요."

"좋아요, 그러면 이산화탄소도 가지고 나올 수 있나요?"

"그럼요. 일단 세포에 도달하면 가져갔던 기체를 하나 놓아 두고 다른 기체를 갖고 나올게요. 허파에서도 같은 일을 할게요. 전혀 힘들 게 없어요."

"협조해 줘서 고마워요. 이제 가 보세요. 아, 참, 잊어버리고 말을 안 한 게 있는데…… 여러분을 DNA 없이 만들었어요. 그래서 여러분의 수명은 4개월밖에 안 돼요. 신체를 효율적으로 유지하기 위해 끊임없이 힘들게 일하다가 늙고 불필요해지면 **비장**(지라)과 간에서 파괴될 거예요."

"아니, 뭐요……? 옳지 않아요!"

"파괴된 당신들의 노폐물은 간에서 장으로 들어가서 미즙을 착색시킴으로써 똥을 갈색으로 만들 거예요. 화장실 갈 때마다 여러분 생각을 할게요. 이제 회의는 끝났어요. 하하!"

11주 차: 잉태된 지 3개월
7.4cm × 23g

멋진 발명을 많이 하는 바람에 나는 이제 엄마로부터 독립할 준비가 거의 되었다고 할 수 있게 되었어. 내 신체의 세포에 영양분과 산소도 전달할 수 있고 이산화탄소도 제거할 수 있지.

물론 앞으로 27주 동안 여러 디테일을 완성해야 하겠지만, 어디까지나 디테일일 뿐이니까.

이제 나도 어엿한 아가씨라니까!

이것 좀 봐. 지난 주에는 내게 손톱도 자라났어. 매니큐어도 칠할 수 있다니까! 그리고 외음부도 나타났어. 이제 나에게는 **음문**도 생겼어!

엄마 배 속에 있는 나는 성취감을 느끼는 태아가 되었어. 밖에 계시는 엄마와 아빠는 마침내 내가 남자인지 여자인지 알 수 있게 되셨고, 날 두고 여러 가지 상상을 할 수 있게 되었지.

나와 엄마(정확하게 말하자면 엄마의 배)는 함께 커져 가고 있어. 이제는 문자 그대로 페이지를 넘겨서 우리 삶의 새로운 장을 열 때야.

로렌조가 들려주는 이야기

성인이 되어서도 몸이 완전히 점액으로 덮여 있을 때의 장점

5

4~6개월: 태아

오줌 싸기, 발 차기를 비롯한 반항적인 행동들

12주 차 - 8.7cm × 43g

안녕!

지금까지 나는 이름을 여러 번 바꾸었고, 바꾸는 데 재미를 들였어. 처음에는 수정란이었고 그다음에는 오디배, 배반포, 배아, 태아. 그럼 이번에는? 안 바꿔. 루이지라는 이름으로도 안 바꿀 거야.

앞으로 6개월간 계속 태아라고 할 거야. 아, 슬프다. 아, 지루해라.

하지만 그것이 내가 앞으로 계속 지금과 똑같으리라는 의미는 아냐. 그것은 분명하게 하자고. 예를 들어서 오늘 나는 손가락 지문을 만들기 시작했어.

이 놀라운 지문 모양 좀 봐. 완성이 되면 이런 모양을 지닌 것은 오직 나뿐일 거야. 세상에서 유일한, 똑같은 것이 하나도 없는 지문이 될 거라고! 그러니까 잼이 묻어 더러워진 손가락 자국을 여기저기 남겨 놓지 않도록 조심하라고.

더럽다는 얘기를 했으니 말인데 나의 비뇨계통 기억해? 허파와 혈액 순환 덕분에 이산화탄소를 치워 버린 다음에도 신체가 만들어 낸 다른 쓰레기들은 남아 있다고!

내 세포들은 말썽꾸러기야. 끊임없이 쓰레기를 만들어 내면서도 순진한 얼굴로 말하지.

"우리 잘못이 아니야, 이건 세포의 정상적인 신진대사 작용이란 말이야!"

아, 열 받는다. 하지만 뭐라고 할 수도 없어. 세포들은 자신의

일을 하고 있는 게 맞거든. 하지만…… 버릇 없이 혈장 안에 전부 다 갖다 버리고 또 놀러 가지 말고 예의는 좀 지키란 말이야!

어차피 다른 누군가가 다 치워 줄 거라고 생각해서 그러는 거지? 안 그래?

…….

엄마야……. 내가 꼭 *엄마*처럼 말하고 있네.

좀 진정해야겠어. 우리는 다음 주에 다시 얘기하자.

13주 차 - 10.1cm × 70g

안녕. 나 해결책을 찾아냈어.

만약 세포를 교육해서 어지르지 못하게 하는 것이 불가능하다면 혈장을 정화하면 되는 거야!

주변을 살피면서 이 힘든 과제를 여러 기관 중 누구에게 떠넘길지 생각해 봤어. 위장은 나에게 차갑게 싫다고 했고, 허파는 야유를 하고, 장은 소리를 지르기 시작했지.

"날 쳐다보지 마. 나는 지금 문자 그대로 완전히 똥통이 된 느낌이란 말이야!"

그리고……

바로 저기.

저 온통 빛나는 기관이 있었어.

항상 자신이 몸에서 얼마나 많은 일을 하는지 자랑을 하곤 했으니 이 일도 맡겨 버리기로 한 거야. 올레!

나는 긴급하게 혈액에서 암모니아를 제거해야만 했어. 암모니아는 특히 뇌에 아주 위험하거든. 그럼 너는 *그 위험하다는 암모니아를 도대체 신체의 어디에 처박아 둔 건데?* 라고 물어보겠지.

나는 아무런 사고도 치지 않았어. 나는 원래 사고를 안 친다니까. 우리 동물은 모두 다 그래. 우리가 단백질을 구성하는 아미노산을 사용하면 노폐물로서 암모니아가 생성돼. *도대체 아미노산은 뭐야? 또 단백질은?* 넌 이렇게 묻겠지.

신체의 5분의 1은 단백질로 구성되어 있어. 단백질은 신체를 구성하는 중요한 벽돌과 같아. 그리고 그 단백질은 아미노산으로 구성되지. 우리는 아미노산을 단백질을 만들기 위해서도 쓰고 에너지를 생성하는 데도 써. 하지만 이 과정에서는 필연적으로 암모니아가 생성되는데, 암모니아는 위험한 노폐물로서 최대한 빨리 치워 버리는 것이 중요해.

이 문제에 대해 너무 걱정이 된 나는 바로 간에게 이야기를 했어. 그랬더니 간은 암모니아를 요소로 변환하기 시작했지.

깜짝 놀랐어. 이제 문제를 해결할 수 있게 된 거야. 요소는 유래 물질인 암모니아에 비하면 독성이 훨씬 낮거든.

감탄을 하면서도 아직 불안감이 가시지 않았던 나는 말 나온 김에 간에게 요소도 몸에서 완전히 제거해 달라고 부탁을 했어.

그러자 갑자기 간이 큰 소리로 불평하기 시작했지. **"이제는 그만하지 그래, 엉?"**

기분이 나빴나 봐.

그래서 난 결심했지. 간에게는 더 이상 어떤 것도 부탁하지 않겠다고.

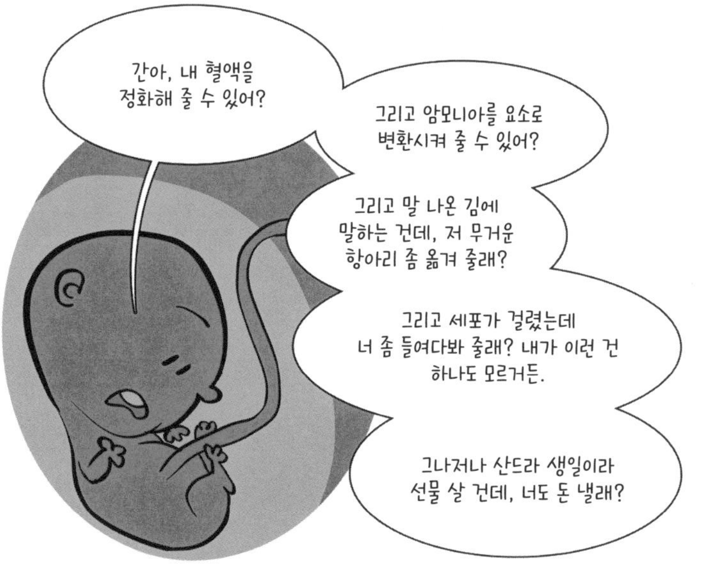

이봐, 간아.

세균이나 독소, 또 다른 해로운 물질들을 파괴하는 데 이제부터는 네 도움 하나도 필요 없어!

…….

알았어, 어쩌면 조금은 필요할지도 몰라.

…….

우리 화해하자, 간아. 응?

14주 차 - 11.6cm × 100g

우리 화해했어. 간이 원한 거지만, 나도 사과했어.

그래서 간은 단백질을 소화하고 남은 노폐물을 혈액에서 제거해서 요소로 바꿔 주기로 했어. 하지만 나는 이 요소와 다른 노폐물들을 제거할 방법을 생각해 봐야 해. 나는 살짝 장을 쳐다봤지만 장은 "똥 같아!"라고 소리를 질렀어.

할 수 없이 나는 요소를 똥과 같이 배출시키지 못하고 따로 처리해야만 해. 오줌 누는 법을 배워야겠어. 어항에 물을 좀 갈아 줘야겠어. 아무튼 오줌을 누어야 해. 오줌을 누려면 내 비뇨계가 필요하지. 그럼 너에게 내 비뇨계를 구성하는 기관을 차례로 소개할게.

- 콩팥(신장) 2개 혈액을 여과하고 오줌을 만들어 내는 기관이야.
- 요관 2개 콩팥과 방광을 연결하는 가는 관이야.
- 방광 1개 오줌을 채울 수 있게 늘어나는 주머니지.
- 요도 1개 방광과 외부를 연결하는 또 다른 관이야.

이번에는 각 기관에 대한 상세한 내용도 들려줄게.

콩팥(신장)은 강낭콩 모양을 한 두 개의 기관으로, 심장에서 **대동맥**(신체에서 가장 큰 혈관)을 통해 직접 혈액을 받은 다음 이를 두 개의 **콩팥동맥**(신장동맥)으로 나누어 보내.

매 순간 인간의 혈액 중 5분의 1은 신장 속에서…….

이를 위해 나는 마치 세탁기가 탈수할 때처럼 혈액을 쥐어짤 수 있는 몇 가지 구조를 만들어서 콩팥 안에 배치했고, 이것을 **사구체**라고 부르기로 했어. 사구체라는 말은 '둥근 모양의 실타래'라는 뜻인데 꼬인 모세혈관으로 되어 있거든. 사구체를 통과하며 여과된 혈액은 작은 **세뇨관**으로 가는데, 세뇨관은 개체에 유용한

물질이 아직 남아 있다면 그것을 재흡수하고 유해한 물질이나 과도한 물질은 제거하는 기능을 하는 관으로서, 제거된 물질은 바로 요관으로 이어져. 압축된 물! 그래서 내가 물을 많이 마시면 오줌도 많이 누게 되는 거지. 혈장이 과하게 묽어지면 '쉬……' 하면서 과도한 물이 제거돼.

이 노폐물이 바로 오줌이야. 오줌의 주요 성분은 요소(전체의 2.5%)야. 오줌은 방광 안에 축적되는데, 고무 풍선 같은 방광이 부풀어오르면 오줌을 누고 싶은 자극을 느끼게 되지. 내가 크면 오줌 누는 걸 제어할 수 있게 될 거야. 하지만 그 전에 3년 정도는 기

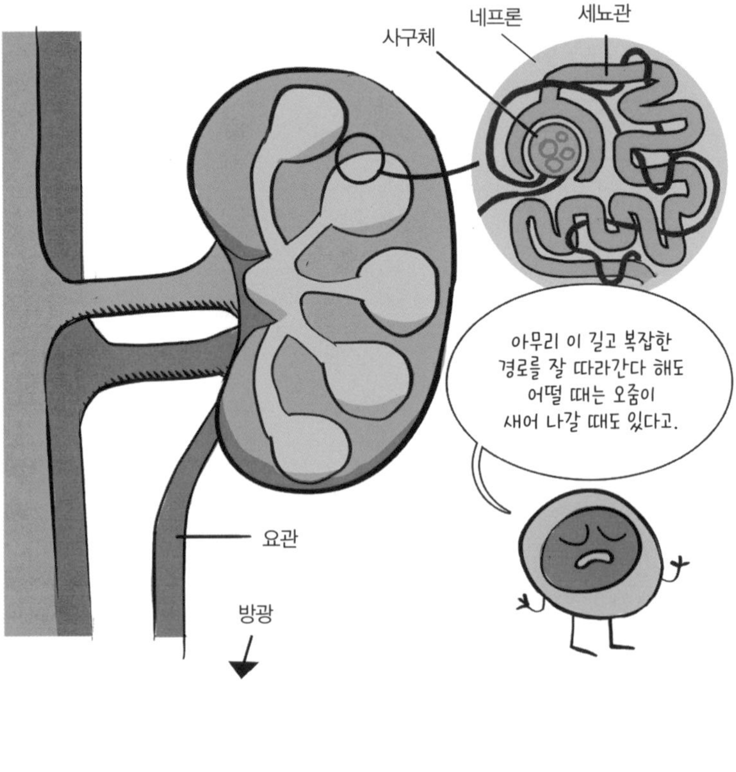

저귀와 이불을 계속해서 적셔 놓아서 부모님을 기쁘게 만들겠지. 이론상 엄마는 소변을 잘 조절하실 수 있지만, 배 속에 있는 내가 이제 많이 컸기 때문에 방광을 많이 눌러서 계속해서 소변을 보러 화장실에 가야 해.

소변은 과도하게 생성된 물질을 배출시키기도 하기 때문에 의사에게도 아주 유용해. 한 사람의 상태가 얼마나 좋은지 알 수 있거든. 예를 들어서 진성 당뇨병이라는 병에 걸린 사람의 혈장은 포도당(당의 한 형태)으로 꽉 차 있을 수 있기 때문에 이런 과한 포도당이 신장으로 즉각 배출이 돼.

옛날에는 당뇨병에 걸렸는지 어떻게 알아봤는지 알아?

맞아.

맛을 봤대.

오줌을.

오줌이 달면 환자는 당뇨병에 걸린 거였어.

하지만 도대체 누가 소변을 마시고 싶겠어? 끔찍한 일이지. 다행히도 지금은 당뇨병에 걸렸는지 알아볼 수 있는 다른 방법들이 있지. 그나저나…… 지금 생각해 보니…… 내 신장이 얼마 전부터 벌써 동작을 하고 있었어. 그것은 내가 오줌을 만들어 내고 있다는 것을 의미하지. 그리고 그것은 내 방광이 오줌으로 차고 있다는 것을 의미하고, 그것은 내가 바로…… 쉬야를 하고 있다는 것을 의미해!

하지만 나는 여기 폐쇄된 장소에 있고 변기도 없어. 내 쉬가 갈 수 있는 유일한 곳이 바로 내가 잠겨 있는 이 양수 속이라고.

그리고 바로 그 액체는 내 입속에도 계속해서 들어가고 있어.

…….

…….

바로 내가 내 오줌을 마시고 있었구나!!!

15주 차 - 13cm × 140g

바로.

16주 차 - 14.2cm × 190g

나의.

17주 차 - 15.3cm × 240g

오줌을.

18주 차 - 16.4cm × 300g

그래, 알아. 내가 이렇게 많은 시간이 흐르는 동안 너를 내버려 두어서는 안 되는 거였어. 하지만……, 젠장…….

그래선 안 된다고?

이제 더는 생각하지 않을래. 나도 양수의 씁쓸한 뒷맛에 익숙해졌거든.

어느덧 임태 기간의 절반에 도달했기에 축하도 해야 되고, 그래서 나도 앞으로 나아갈 힘을 얻었거든!

이제 내 신체는 모두 형성되었어. 어느 모로 보나 나도 어엿한 인간 미니미라니까. 다음 주가 되면 머리카락과 눈썹도 만들기 시작할 거라고! 그 양수 문제 때문에 오랫동안 기분이 안 좋았어. 그러다 보니까 지난 3주간 내가 얼굴 근육도 찌푸릴 수 있다는 것을 알게 되었지. 그래, 맞아. 나는 근육도 있어!

터무니없는 말이라는 것은 나도 안다고. 하지만 내 **근육 원섬유**가 움직이는 것을 빨리 보여 주고 싶단 말이야! 그게 뭐냐고?

처음부터 살펴보자.

근육은 수축할 수 있는 기관이야. 수축이란 양 끝이 더 가까워지게 하는 거지. 이 수축이란 것이 신체를 움직이게 해.

그럼 어떻게 근육이 수축할 수 있는 거지?

간단해. 근육이 수축할 수 있는 것은 근육을 구성하고 있는 **근섬유 다발**이 수축하기 때문이야.

그럼 이 근섬유 다발은 어떻게 수축할 수 있냐고?

아주 쉬워. 근섬유 다발은 **근섬유**라고 부르는 근세포의 다발인데, 이 근섬유가 수축할 수 있거든.

그럼 이 근섬유는 어떻게 수축하는 거냐고? 에이, 너도 잘 알잖아.

바로 근세포 안에는 근육 원섬유가 있기 때문이야. 근육 원섬유는 작은 근섬유란 뜻이야.

이제 됐지? 쉽잖아, 안 그래?

뭐라고?

아, 그럼 근육 원섬유는 어떻게 수축하는지 말을 안 했다고?

그럼 근육 원섬유의 내부가 어떻게 되어 있는지 살펴보자.

근육 원섬유는 기다란 스파게티 가락과 비슷하고 두 개의 단백질로 구성돼. 이 두 단백질 중 더 가는 것은 **액틴**, 조금 더 두꺼운 것은 **미오신**이라고 하지. 이 두 단백질이 서로 미끄러지면서 겹쳐지면 이 근육 원섬유 스파게티의 양 끝이 가까워지면서 중간 부분은 두꺼워져. 단백질은 신체에서 정말 많이 쓰인다고 내가 말했었지!

그나저나 근육을 키우려면 두 가지가 필요해.

1. 당과 단백질이 풍부한 음식. 내가 크면 근섬유가 잘 수축하는 데 필요한 에너지를 주기 위해서, 또한 새로운 근육 원섬유가 만들어지는 데 필요한 원료를 공급하기 위해 균형 있는 식사를 할 거야. 실제로도 근육 원섬유가 많으면 많을수록 근육도 강해져!
2. 운동. 근육은 운동을 많이 하면 할수록 새로운 근육 원섬유가 많이 만들어져. 나는 벌써 운동을 시작했지. 내 움직임 좀 봐.

너도 해 봐! 손을 반대쪽 팔에 얹어 봐. 이두박근이 있는 위쪽에 말이야. 그다음에는 다른 쪽 팔꿈치를 굽힌 다음 그쪽 손으로 어깨를 만져. 그러면 피부 아래에서 뭔가 움직이는 게 느껴지지 않아? 바로 그게 근육이야! 수십억 개의 근육 원섬유가 수축하고 있는 거라고. 피부 아래서 생쥐가 꿈틀거리는 것 같지? 무슨 공포영화 같지만 그게 바로 인간의 신체 구조라고! 근육은 라틴어로 '무스쿨루스(*musculus*)'라고 하는데 이게 바로 *생쥐*라는 뜻이야.

날 그렇게 쳐다보지 마. 내가 이름을 지은 게 아니라니까.

너한테는 근육이 하나도 없어서 쳐다보는 거라고? 에이, 삐지지 마.

…… 내 얘기 듣고 있는 거지?

19주 차 - 17cm × 360g

아이이잉, 우리 화해하자. 기분 나빠 하지 마. 인상 쓸 줄 아는 건 바로 나라니까. 그건 다 내가 근육을 갖고 있기 때문이야. 근육 덕분에 또 내가 무엇을 할 수 있는지도 좀 봐 줘!

이이익!

자, 봤지? 나는 발도 뻗을 수 있어. 지금부터는 내 키를 잴 때 머리부터 발꿈치까지의 길이를 잴 거야. 그럼 26.7센티미터나 된다니까! (머리에서 엉덩이까지만 재면 17센티미터밖에 안 되지만 말이야.)

감동했지? 물론 모든 근육이 내가 원할 때 움직이는 것은 아니야. 실제로도 근육은 어떻게 구성되어 있는가, 내 명령에 어떻게 반응하는가에 따라 세 종류의 근육으로 나누어져.

만약 근육 안에 있는 근육 원섬유가 전부 흐트러져 있다면(꼭 바닥에 떨어진 이쑤시개 통에서 엉망으로 쏟아져 나온 이쑤시개처럼 말이지) 그 근육은 **제대로근** 또는 **불수의근**이라고 해. 이것은 내가 원하는 대로 근육 원섬유를 수축시키지 못한다는 것을 의미해. 그리고 불수의근은 현미경으로 들여다보면 전부 다 매끈해. 예를 들자면 위장이나 장 주변에 있는 근육, 그리고 털 근육이 제대로근이야. 실제로도 닭살이 돋고 안 돋고 하는 것은 내가 결정할 수 있는 게 아니잖아!

반면 근육 원섬유가 필통에 담긴 연필들처럼 모두 잘 정돈되어 있다면 그 근육은 **가로무늬근**이나 **맘대로근**이나 **골격근**이라고 부르는데, 이것은 근육이 하는 일에 따라 다시 구분되기 때문이야.

- 가로무늬근(횡문근) 이 근육 중 하나를 확대해서 잘 들여다보면 어두운 부분이 있는데, 이는 얇은 필라멘트인 액틴과 두꺼운 필라멘트인 미오신이 중첩되어 있는 부분이야. 그리고 밝은 부분에서는 액틴과 미오신이 분리되어 떨어져 있지. 어둡고 밝은 부분이 번갈아 가며 나타나면서 근육에 줄무늬가 나타나. 그래서 이 근육을 가로무늬근 혹은 한자어로 횡문근이라고 하는 거야.
- 맘대로근(수의근) 맘대로근은 최소한 640개가 있어. 여기서 보내는 하루는 무척 길어서 나는 내 명령에 따라 움직이는 근육이 몇 개나 되는지 세기 시작했어. 자, 시작! 새끼손가락 올려 봐! 메롱 해 봐! 발길질을 해 봐! 아자!

  앗! 엄마 자궁을 차 버린 것 같아.

  하지만 잠잠하네.

  그냥 내 기분이었나 봐.

아자!

이번에는 엄마가 움직였어. 내 생각인데 말이야, 엄마는 내가 움직이는 건지 —내가 발 차는 것을 처음으로 느끼셨거든— 아니면 콩을 너무 많이 먹어서 배 속이 우르렁거리는 건지 잘 구분을 못 하시는 것 같아.

- 골격근 이 근육들은 골격에 붙어 있어. 실제로 내가 움직이기 위해서는 근육을 지지해 주는 구조물인 **골격계통**이 필요해. 근육은 **힘줄**이라고 하는 단단한 필라멘트를 통해 뼈에 붙어 있지.

내 허벅지(넓적다리, 대퇴부)가 어떻게 움직이는지 보여 줄게. 허벅지에 있는 근육은 넙다리네갈래근(대퇴사두근)이라고 부르고, 한쪽 끝은 골반에 있는 장골에 붙어 있고 다른 한쪽 끝은 종아리에 있는 정강이뼈에 붙어 있어. 만약 근육이 수축하면 종아리는 힘줄에 의해서 골반 쪽으로 당겨지지. 이것 봐……. 아자!

근육 이름이 뭐든 핵심은 변함이 없어. 핵심은 내가 멋진 발 차기를 할 수 있다는 것이지. 게다가 다양한 각도로 찰 수 있어. 이 넙다리네갈래근에는 여러 근육 다발이 있어서 어떤 것을 어떤 강도로 수축할 것인지 내가 원하는 대로 정할 수가 있거든. 아자!

마지막으로 남은 한 종류는 그 특징이 앞서 말한 근육들의 중간쯤으로, 단 하나의 근육으로 구성돼. 이 근육은 가로무늬는 있지만 제대로근이지. 그래서 규칙의 예외가 돼. 이것은 바로 **심장근**(혹은 줄여서 심근), 즉 심장이야. 너도 심장이 뭔지 잘 알지? 내가 처음으로 발길질을 했다는 사실에 감동을 해서 심장이 얼마나 빠르게 뛰고 있는지도 잘 알 거야.

20주 차 - 27.8cm × 430g

안녕?

나한테 골격이 없다면 내가 여기서 아무리 앞구르기를 해도 엄마가 알아채지 못하실 거야. 이 지지 구조가 있기 때문에 내가 움직일 수가 있는 거지. 그래서 근육과 뼈를 모두 합친 근골격계를 **운동계통**이라고 불러.

하지만 얼마 전까지만 해도 내가 움직일 수 있을 만큼 골격이 제대로 지탱해 주지 못했어. 사실 이제서야 내 뼈가…… 골화되고 있거든. 골화라는 말이 좀 웃기지. 하지만 그렇게 말해. 심장이 심장화된다는 말은 안 쓰지만 뼈는 골화된다는 말을 써. 이 말은 뼈가 점점 더 단단하고 강해진다는 의미야. 뼈가 처음에 막 형성되었을 때는 대부분이 물렁뼈(연골)로 구성되지. 물렁뼈는 내 귓바퀴 안에 있거나 코 끝에 있는 것과 동일한 조직이야. 그러다가 시간이 지남에 따라 물렁뼈가 진짜 뼈로 대체되는데, 이 과정은 상당히 빨리 진행되어서 겨우…… 20년밖에 안 걸려.

몇 주면 다 될 줄 알았다고?

에이, 아니야. 골격은 굉장히 중요한 거거든.

뼈가 부러진 사람한테 가서 깁스를 얼마나 오래 하고 있어야 하는지 물어보라고. 모든 것이 제대로 잘 만들어지려면 골화되는 데 아주 여러 달이 걸릴 거야. 그래서 내가 어른이 되었을 때보다 막 태어났을 때 뼈의 숫자가 더 많지. 놀라지 마. 단순하게 여러 뼈 조각이 시간이 지나면서 합쳐져서 그런 거니까. 그래서 최종적인 뼈의 숫자는 206개가 될 거야.

그 작업이 이렇게 느리게 진행되는 이유는 조골세포(골아세포)

때문이야. 조골세포는 자신 주변으로 벽돌 쌓듯 골기질을 만들어서 쌓아 올리지. 골기질은 아주 단단한 물질로, 여러 미네랄과 단백질(단백질이 여기서도 나오지?)로 구성돼. 다만 이 조골세포는 그리 영리하지가 못해. 마치 바닥을 물걸레로 닦다가 한쪽 구석에서 청소를 끝내는 바람에 물이 다 말라야만 거기서 나올 수 있는 것과 마찬가지로, 조골세포도 자기 주변으로 골기질을 생성하다 보니까 결국 자신은 고립되고 말거든. 그러면 조골세포는 휴식을 취하는데, 그동안에는 이름도 골세포로 바뀌. 앞으로는 내 팔이 부러지지 않는 한 조골세포가 할 일은 별로 없을 거야.

21주 차 - 28.9cm × 500g

안녕.

내 뼈가 부러진다는 것은 생각만으로도 싫어.

그래서 내 골계통을 잘 보살피고 싶어! 이 게으름뱅이 골세포들이 그런 식으로 쉬러 가 버리면 안 되는 거라고. 내 골격이 시간이 지나면 마모될 텐데 말이야. 그래서 나는 손상된 뼈를 파괴하고 재흡수할 수 있는 특별한 세포들로 팀을 만들었어. 이 세포들은 **파골세포**(용골세포)라고 하며 정기적인 보수를 통해서 매년 골격의 10%를 재생할 거야.

하지만 지금 현재로서는 내 골격이 정말 잘 형성되고 있어. 알아챈 것이 있는데, 그것은 뼈 중에는 단단한 뼈인 **치밀골**도 있고 구멍이 숭숭 뚫린 스펀지 같은 **해면골**도 있다는 거야. 가장 큰 뼈인 **대퇴골**(이 뼈가 신체에서 가장 긴 뼈야!) 같은 경우는 중간에 구멍이 하나 있어. 아니, 왜? 나는 골아세포가 일을 다 안 마친 줄 알고 데리러 가려고 하다가…… 왜 어떤 뼈에는 구멍이 나 있는지 알게 되었어.

- 무게를 줄이기 위해서. 살아가면서 수십억 번의 동작을 해야 되는 뼈는 무게가 엄청나게 나갈 수도 있어.
  하지만 내가 크고 나면 이렇게 무게를 줄이는 것은 불가능하지. 지금이 아니라면 할 수 없는 일이야.
- 저항력을 높이기 위해서. 공학자들이 모여 계산을 해 봤는데 중량, 비트는 힘, 구부리는 힘을 잘 지탱해야 하는 뼈의 가장 이상적인 형태가 바로 구멍이 난 원기둥 모양이라는 것을 발견했어.
  못 믿겠다면 자연을 관찰해 봐. 왜 대나무와 웅덩이 속 갈대의 줄기는 속이 비어 있을까? 맞아. 바로 최소한의 무게로 저항력을 최대한 높이기 위해서야.
- 공간을 최적화하기 위해서. 어차피 그 공간을 비워 놓을 거라면 활용하면 되잖아? 많은 뼈의 내부에는 실제로도 **골수**가 있어. 골수는 바로 이번 주부터 자신의 일을 하기 시작할 거야. 그것은 바로 혈액 세포를 생성하는 거지.

22주 차 - 30cm × 600g

안녕.

이 모든 일을 한 덕분에 피가 내 순환계 내부를 완벽하게 순환하고 있고 마침내 내 피부도 완벽한 분홍빛이 되었어. 지금까지는 뱀파이어처럼 창백했거든. 여기는 햇빛 한 점 들지 않으니까 당연한 건데 왜 놀라?

햇빛은 혈색 외에도 뼈를 튼튼하게 해 주는 비타민 D를 생성하기 위해 내게 꼭 필요해. 언젠가는 선탠을 할 시간이 있을 테니 지금은 골격계를 잘 만드는 데 집중해야겠어. 내가 가장 최근에 만들어 낸 것 좀 봐. 그것은 바로 **인대**야.

나는 뼈들을 서로 묶어서 관절이라고 부르는 지점에 모두 연결해 줄 수 있는 질긴 조직이 필요했어. 그래서 인대가 없으면 내 발목도 빠지고 어깨도 끊임없이 삐그덕거릴 거야. 하지만 인대가 있기에 이런 일이 일어나지 않는 거지. 내가 이번 주에는 앞구르기를 얼마나 멋지게 했는지 파쿠르 챔피언도 날 부러워할 정도였다니까. 파쿠르처럼 산을 오르고 건물과 난간에서 뛰어내리는 대신 나는 엄마 배 속에서 곡예를 하고 있지만 말이야.

이렇게 하다 보면 엄마는 내가 태어나려고 한다고 생각할지도 몰라. 내가 새로운 운동 종목을 만들어 냈어!

23주 차 - 34.6cm × 660g

도대체 무슨 일이 일어난 걸까? 모두 피해!

24주 차 - 35.6cm × 760g

내가 좀 과민한 반응을 보였나 봐. 하지만 너라면 생애 처음으로 소리를 들었는데 놀라지 않았겠어? 정확하게 말하자면 엄마가 비명을 지르는 소리를 들었어. (어쩌면 내가 엄마의 갈비뼈를 눌렀기 때문인지도 몰라.)

지금 생각해 보니 내 귀가 들리기 시작한 지가 벌써 두 달도 넘었는데 미처 깨닫지 못하고 있었어!

14주가 되니까 엄마의 심장 뛰는 소리와 엄마 배가 꾸르륵거리는 소리가 들리기 시작했어. 하지만 이렇게 온갖 소리가 함께 들려오지는 않았거든. 지금은 들려. 정말로 들려! 매번 내가 *얍!* 하고 기합을 넣으며 앞구르기를 하면 엄마가 소리를 지르시거든.

"움직였어!"

들었어?

그나저나 처음으로 저 아저씨의 목소리를 들었네. 저 밖에 있는 목소리가 낮은 아저씨 말이야. 내 아빠가 아닐까 싶어. 저녁마다 내가 움직이면 다가와서 손을 엄마 배 위에 올려놓고…… 갑자기 낮은 목소리를 나즈막하게 내면서…… 감동을 하는 것 같거든.

아저씨 참 귀엽다.

25주 차: 임태일로부터 6개월
36.6cm × 875g

도대체 무엇 때문에 전보다 지금 소리가 더 잘 들리는지 생각을 해 봤더니 무엇이 바뀌었는지 알겠어. 바로 뼈였어! 또 뼈였어. 내 귓속에 고막이라는 막을 만들었는데, 그 위에 신체에서 가장 작은 뼈 세 가지가 얽혀져 있어. 바로 **등자뼈**(등골), **모루뼈**(침골), **망치뼈**(추골)로, 소리 진동을 증폭해서 두뇌까지 소리가 도달하게 해 줘. 그러면 두뇌가 이 소리를 해석하고 변환을 시키고…….

……지금 생각이 난 건데, 너에게 두뇌에 대해서 말을 한 적이 한 번도 없네. 그래도 두뇌는 바로 여기 있어. 게다가 아주 활발하게 움직이고 있다니까!

바야흐로 너에게 두뇌와 저 바깥세상에서의 삶을 대비하기 위한 최종 준비 과정에 대해서 말할 때가 도래했어. 내가 얼마나 투지로 똘똘 뭉쳤는지 보여 주기 위해서 멋진 발 차기를 하면서 6개월을 마무리할게. 아자!

로렌조가 들려주는 이야기

안에 있는 구멍 덕분에 더 가벼워지는 네 가지

6

7~9개월: 태아에서 신생아로

삶은 배움의 연속

26주 차 - 37.6cm × 1kg

그레타. 나를 그레타라고 부른대. 이름 예쁘지? 맘에 들어!

소리가 들린다는 것은 정말 대단한 소식이야. 이제 저 밖에서 나는 많은 흥미로운 소리를 들을 수 있게 되었고 그중에는 내 장래의 이름도 있어. 아니, 내 이름인 것 같아. 저 밖에 있는 아저씨가 엄마 배를 따라다니면서 나를 그렇게 부르고 있거든. 그런데 엄마는 아직 아무 말도 안 하고 있어. 두고 보자고.

아! 말이 나왔으니 말인데, 나 보여! 귀도 들리고 눈도 보여!

이제 내 눈꺼풀이 마침내 분리가 되어서 내가 눈을 떴어. 내가 있는 배 속을 살펴볼 수도 있어. 배 속은 혈액으로 붉어진 조직을 투과해서 들어오는 빛으로 인해 붉은빛이 돌아. (취향이 좀 별로인 것 같아.)

아! 말이 나왔으니 말인데, 나 귀도 들리고 눈도 보이고 맛도 볼 수 있어! 나도 이제는 엄마가 먹는 음식을 양수를 통해 부분적으로 맛을 볼 수 있다고. 만약 엄마가 지금 마늘이나 당근 같은 음식을 먹으면 나중에 내가 태어난 다음에도 그 음식을 기꺼이 먹을 수 있는 가능성이 높아. 그 맛을 이미 알고 있으니까.

그래서…… 간단하게 말하자면…… 마침내 나의 모든 감각이 완성되었어. 어떤 감각은 몇 달 전에 이미 만들어졌고, 어떤 감각은 며칠 전에 만들어졌지.

뉴런은 내 신경계의 바탕을 이루는 세포야.

내 신체가 집이라고 생각을 해 봐. 집에 있는 많은 가전제품은 기관이야. 가전제품을 작동시키는 것처럼 기관을 작동시키기 위해 전선을 연결해야 하는데, 이 전선은 바로 세포로 구성되어 있어. 신경세포인 뉴런 말이야.

허파에게 숨을 쉬라고 하고 숨 쉬는 빈도도 알려 주는 게 누구인지 궁금해한 적 없어? 아니면 적절한 순간에 발을 차기 위해 근육을 수축하라고 시키는 건 누굴까? (아자!)

그건 바로 근육과 연결되어 있는 뉴런이야. 그럼 뉴런은 근육에게 무슨 말을 할까? "제발, 수축을 해 줘. 안 그러면 내가 망신당하거든." 이렇게 말할까?

물론 아니야. 그런 예절 바른 말도 좋지만 그것보다는 아주 멋진 전기 충격을 주는 것이 좋지 않겠어?

음하하하! (사악한 웃음)

그래, 아주 잘 이해했어. 뉴런은 전기를 전달해. 전기 자극 말이야. 지지지직!

27주 차 - 38.6cm × 1.2kg

내 이름은 아델레가 될 거야.

그럼 그레타라는 이름은 어떻게 되는 거냐고? 몰라, 사라졌어. 이제는 저 밖의 아저씨가 나를 아델레라고 불러 주시네. 생각을 바꿨나? 나쁠 것 없지, 뭐. 그레타라는 이름보다 아델레라는 이름이 더 내 맘에 들거든. 그런데 엄마는 아직도 내 이름을 안 불러. 쳇.

근육과 연결되어 있는 뉴런인 **운동 뉴런**에 대해서 이야기를 해 보자. 전기 자극을 생성하는 것은 운동 뉴런이 아니고 늘 다른 뉴런으로부터 전달되어 와. 그럼 그 다른 뉴런이 누구인지 보면, 그 뉴런도 또 다른 뉴런한테 전기 자극을 받은 거야. 그럼 그 또 다른 뉴런은 누구와 연결되어 있는 거지? 또 다른 뉴런. 이런 식으로 가장 먼저 전기 신호를 생성한 뉴런을 찾아서 계속 따라 올라가 보면 보통 이런 최초의 자극은 감각기관 내부에 있는 뉴런으로부터 출발해. 그래서 이 뉴런을 **감각 뉴런**이라고 불러.

그 두 가지 뉴런 종류의 중간에 있는 것은 **연합 뉴런**이라고 해.

어떻게 작용하는지 알겠어? A뉴런(감각 뉴런)이 B뉴런(연합 뉴런)에게 C뉴런(운동 뉴런)에게 가서 무슨 일을 하라는 말을 하라고 시키는 거지. 마치 네가 소파 위에 대충 드러누워서 네 동생에게 "물 좀 가져와."라고 했을 때 네 동생이 "엄마, 형한테 물 좀 가져다주실래요?"라고 하잖아? 그러면 게으른 사람은 목구멍이 말라 비틀어져도 상관없지만 그래도 엄마가 물을 가져다주시는 것과 같아. 엄마가 항상 엄마인 것처럼 운동 뉴런도 늘 운동 뉴런이야.

이건 그냥 단순히 예를 들기 위한 것만은 아니야. 왜냐하면 신체에서 가장 짧은 신경 회로는 이 세 개의 뉴런으로만 구성되어 있거든. 이것은 나를 위험에서 보호해 주기 위해 필요해.

반사궁이라고 부르는 것은 너무 생각을 깊게 해 보지 않고도 반응할 수 있게 해 주는 메커니즘이야. 만약 내가 "아이구, 저 불꽃이 너무 뜨거운데. 손을 멀리하는 것이 좋을 것 같아!"라고 생각한다면 손이 벌써 불타 버린 후일 거야.

하지만 신경 회로 대부분은 세 개가 훨씬 넘는 수의 뉴런으로 구성돼. 연합 뉴런은 정보도 처리하기 때문이야. 엄마가 나에게 "뜨거우니까 냄비 만지지 마!"라고 하실 때 그 목소리를 해석하는 것도 바로 이 연합 뉴런이야. (물론 엄마 말씀을 흘려듣게 만들어서 내 손이 데게 하는 것도 연합 뉴런이야.) 그것뿐이 아니야! 연합 뉴런 덕분에 나는 항상 다음의 것들을 기억하게 되지.

1. 불 위에 놓인 것들은 뜨겁다.
2. 뜨거운 것을 만지면 아프다.
3. 엄마는 늘 옳다.

엄마는 늘 엄마니까. (그리고 연합 뉴런은 늘 연합 뉴런이야.)

28주 차 - 39.9cm × 1.3kg

내 미래의 이름이 또 바뀌었어. 이번에는 '아니타'인 것 같아.

밖에 있는 저 아저씨가 자기 머리를 식히는 동안, 나는 내 머리를 성장시키고 있어.

초기부터 **뇌**—두개골 속에 들어 있는 신경계의 일부분—의 시원체를 갖고 있긴 했지만 이 7~9개월째 되는 기간 동안 뇌의 여러 부분이 완성되고 있어. 지금까지 내 두뇌는 모차렐라 치즈처럼 아주 매끄러운 외관을 갖고 있었지. 하지만 지금은 뉴런이 어찌나 많이 성장하고 있는지 뇌의 표면에 주름이 많아져서 **대뇌피질**이라고 부르는 가장 바깥쪽에 있는 층이 호두 알맹이의 모습과 무척 비슷해졌어. 어때? 나 더 똑똑해지지 않았어?

이제 나는 여러 가지를 기억할 수 있게 됐어. 엄마가 자장가를 불러 주시곤 하는데, 내가 태어난 다음에도 그 노래를 다시 들으면 마음이 진정될 거야. 그런데 여기서 아주 중요한 질문이 있어.

아, 이것은 우리 신체의 가장 커다란 신비로서 과학자들은 아직도 이에 대한 완벽한 답을 찾고 있어. 지금은 내 뉴런이 어떻게 기능하는지 너에게 설명을 해 볼게.

모든 뉴런은 다른 수천의 뉴런과 통신을 하기 위해서 가지를 쳐. 뉴런들이 서로 정보를 교환하는 지점을 **시냅스**라고 하지. 내가 무언가—예를 들어 엄마가 나에게 불러 주시는 자장가—를 배우면 내 두뇌의 뉴런은 새로운 시냅스를 형성해. 내가 또다시 그 자장가를 들으면 다른 새로운 연결점을 형성하지 않아도 돼. 하지만 그 특정 자극에 대해 이미 존재하던 연결점을 보다 강화하게 되지.

그래서 내가 무언가를 여러 번 듣거나 보거나 생각하면 그것을 잊어버리기가 어려워져. 바로 이런 이유 때문에 평생에 걸쳐서 내 이름을 잊어버리지 않는 거야. (우리 부모님이 이름을 하나 선택하기만 한다면 말이지.) 하지만 내가 나이가 들면 새로운 기억을 형성하는 것이 더 어려워질 거야. 뉴런이 시냅스를 새로 만들고 강화하고 변화시키고 파괴하는 능력을 **신경 가소성**이라고 부르는데, 나이가 어리면 어릴수록 이 과정도 더 빠르기 때문에 내가 두 살 때는 두 가지 언어를 아주 쉽게 배우겠지만 나이가 많이 들면 특정 외국어의 단어 두 개도 제대로 배우지 못하게 될 거야. 그리고 똑같은 농담만 계속해서 하겠지.

하지만 우리의 두뇌가 아무리 대단하더라도 저장 공간은 한정되어 있어. (그렇기 때문에 학교에 처음 가던 날 무슨 색 속옷을 입었었나 하는 것은 별로 기억할 필요가 없지.) 따라서 영악한 두뇌는 더 이상 필요 없는 시냅스는 재흡수해. 특히 2세에서 16세 사이에 두뇌가 최대로 성장했을 때 그렇게 하지. 이런 작용을 **시냅스 가지치기**라고

해. 즉 가지를 잘라 내듯 한다는 말이지. 뉴런은 나무와 무척 비슷하거든.

그러면 언제 시냅스가 가장 많이 강화되고 또 반대로 가지치기를 많이 하는지 알아? 바로 잠자는 동안이야. 그리고 나는 잠에 대해서는 전문가라고. 지금까지 대단히 많이 잤으니까 말이야. 지금은 수면-각성 주기도 생겨서 한 번에 잠을 20~40분 정도 자고, 드물게는 90분까지도 자. 게다가 렘(REM) 수면도 한다니까! 'REM'은 'Rapid Eye Movement(빠른 눈 운동)'라는 뜻으로, 눈을 감고 있을 때 눈꺼풀 아래에서 눈동자가 빠르게 움직이는 아주 깊게 잠든 상태를 말하는 거야.

이것 봐, 내가 보여 줄게.

…….

쿨…….

29주 차 - 41.1cm × 1.5kg

앗, 내가 잠깐 잠이 들었었나 봐. 미안해. 그래, 알았어. 잠깐이 아니라 일주일 동안 말이 없었지. 계속 잠이 드는 바람에 일기를 쓰기가 어려웠어. 밖에 있는 저 아저씨는 잠도 없나 봐. 계속해서 내 이름을 다르게 부르고 있거든. 이번에는 날 '지네브라'라고 불렀어. 정확히 어떤 이름으로 할 건지 밤에 자면서 깊이 생각 좀 하고 결정하면 좋을 텐데 말이지. 그냥 하는 말이 아니야. 말 나온 김에 알려 줄게. 정보를 잘 외울 수 있는 완벽한 전략이야!

1. 공부하기

뉴런은 특정 조건에서 시냅스를 더 잘 만들어 내. 나는 하나의 의미를 여러 번 반복해서 외우고 두뇌의 여러 영역(운동 영역, 감각 영역 등)을 연관시키고 거기에 강한 감정까지 느낀다면 더 잘 외워진다는 것을 알게 되었어. 외우는 사람이 감정을 더 많이 느끼면 느낄수록 학습도 쉬워지는 거야. 여러 감정을 다채롭게 느낄수록 삶도 풍성해지지. 네가 좋아하는 일을 하면 공부하는 데 힘도 덜 들 거야.

2. 복습하기

복습을 하면 시냅스가 강화되기 때문에 시험을 치기 전에 '기억을 되살리는 것'은 잘하는 거야. 복습은 기억력 나쁜 사람을 위한 것이 아니라 머리 좋은 사람을 위한 거라고.

3. 잠자기

마지막에 벼락치기로 공부하는 전략은 실패하기 십상이야. 만약에 밤 시간을 복습을 하는 데 사용한다면(더 나쁜 건 이때 공부를 시작하는 것이고) 뉴런은 파업을 선언할 거야.

두뇌가 밤에 일을 할 수 있도록 놓아 두어야 해. 낮에는 새로운 것을 배우고 밤에는 처리를 하거든(그리고 청소도 해).

엄마 배 속에서 나가면 하루의 절반 이상, 그러니까 15시간을 자면서 보낼 거야. 그러다가 사춘기가 되면 비디오게임, 소셜네트워크, 만화영화 때문에 밤의 휴식은 끝장나겠지. 하지만 그때까지

이 두 쌍둥이 중 누가 영어를, 누가 산수를
더 잘하는지 금방 알 수 있다.

는 부지런히 잘 거야. 밤에 적어도 8시간은 잘 거야. 그보다 덜 자면 육체적, 정신적 건강에 위험할 수 있으니까 말이야.

게다가 어렵지도 않아. 그냥 눈만 감으면 돼. 이렇게 말이야.

…….

쿨쿨…….

30주 차 - 42.4cm × 1.7kg

아, 내가 또 잠들었어? 맞아?

미안해. 여기 있으면 금방 잠이 든다니까. 항상 따뜻하기도 하고 이번 주에는 나를 또 다른 이름인 '스베바'라고 부르는 저 아저씨 목소리가 별로 듣고 싶지 않아서이기도 하고, 내 **내분비계**가 아주 잘 기능을 하고 있기 때문이기도 해서 내가 이렇게 잠이 자주 드는 걸 거야.

네 말이 맞아. 내가 이 신비한 내분비계가 뭔지 설명을 안 해줬어. 한마디로 설명을 하면 이건 바로 **호르몬**이야!

호르몬은 신체의 여러 부분, 그중에서도 특히 **샘**(선)에서 생성되는 화학 전령이야. 호르몬은 신체로부터 반응을 이끌어 내는 것이 목적이지. 이 샘들은 신경계의 특정한 신호에 활성화돼. 근육에 연결된 운동 뉴런 기억나? 그래, 근육 대신 샘에 연결될 수도 있어.

신경계가 벌써 있는데 신체로 메시지를 보내기 위해서 왜 또 다른 계통이 필요하냐고? 네가 이것을 궁금해하는 것을 알아. 너의 질문에 대한 답변은 많겠지만 일단 이것을 생각해 봐. 뉴런 신호가 1초에 120미터까지도 여행할 수 있기 때문에 너는 뉴런이 아주 효율적이라고 생각하지. 하지만 느린 반응이 필요하다면 무슨 일이 벌어질까?

잠을 예로 들어 보자. 스위치 같은 걸 눌러서 잠이 드는 것이 아니지. 물론 침대 옆 탁자의 전등불을 끌 때처럼 스위치만 누르면 된다면 그것도 괜찮겠지만 말이야. 하지만 잠은 아주 천천히 들고 깰 때도 천천히 깨어나.

바로 **멜라토닌**이지! 오랫동안 깨어 있으면 신체가 잠이 오게 하는 물질(그것이 바로 멜라토닌이야. 그 밖에 다른 호르몬도 있는데 그중 하나가 이름이 괴상한 **아데노신**이지.)을 생성해서 혈액 안에 분비하기 시작해. 혈장 안에 이런 호르몬이 많으면 많을수록 더 잠이 오지.

하지만 모든 일이 그렇게 다 단순하지는 않아. 왜냐하면 잠 오게 하는 효과에 대한 **길항제**도 있기 때문이야. 예를 들어서 커피에 들어 있는 카페인이나 '스트레스 호르몬'이라고 불리는 **코르티솔**이 그것이지.

내가 태어난 다음에는 코르티솔이 분비되어 돌아다니기 전에 엄마와 아빠가 날 재워 주셨으면 좋겠어. 그렇지 않으면 끝장이라고. 피곤한 데다가 스트레스까지 쌓인 아기는 침대에 얌전히 누워 있지 못하고 침대 위에서 껑충껑충 뛰며 있는 힘을 다해서 소리를 지를 테니까. 한밤중에. 해결책? 저녁 6시에 밥을 먹이고 아무리 늦어도 8시에는 잠을 재우는 거지. 그러면 다음 날 갓 피어난 꽃과 같이 생생할 거야.

엄마, 아빠, 믿어 보라니까!

이것은 하나의 호르몬과 그 길항제에 대한 하나의 사례일 뿐이야. 호르몬의 종류가 얼마나 많고 또 얼마나 많은 선이 호르몬을 만들어 내는지 알게 되면 놀랄걸! 부신, 뇌하수체, 생식선, 갑상선…….

멋지지 않아? 나 멋지지?

31주 - 43.7cm × 1.9kg

이번 주에는 마틸데라는 이름이 가장 강력한 후보야.

밖에 있는 아저씨가 이 이름에 아주 만족했기 때문에 이것으로 결정된 것 같아. 어휴, 땀 난다! 지금 생각해 보니 내분비샘처럼 내 신체 '내부'에서 호르몬을 생성하는 샘 말고도 나의 '외부'에서 분비물을 생성하는 **외분비샘**도 아주 많아.

피부만 봐도 알 수 있지(정확하게 말하자면 **피부계통**으로, 나를 감싸고 보호해 줘). 실제로도 피부는 마치 수도꼭지를 열 듯 다양한 용도의 물질을 분비해서 피부를 감싸지.

다음은 그들 중 일부야.

- 땀 **땀샘**에서 생성돼. 이 물질은 체온을 낮춰 주는 데 있어서 중요한 역할을 하지만 보통은 그리 사랑받지 못해. 특히 선생님 질문을 받을 때나 삶이 위기에 처했을 때(이 두 가지는 종종 겹치지) 옷을 적셔 놓거든. 그리고 사춘기 이후로는…… 악취도 나!
- 눈물 **눈물샘**에서 생성돼. 눈꺼풀 아래 있는 눈을 깨끗하게 해 주고 윤활제 역할을 하지. 특히 내가 떼를 쓰면서 엄마, 아빠가 내가 원하는 대로 해 주시도록 설득할 때 아주 유용해. 내가 떼를 쓴다면 말이지.
- 유즙(모유) **유선**에서 생성돼. 유선의 좋은 점은 태어났을 때 생긴다는 거야. 엄마가 태어났을 때 말이야. 하지만 모유를 만드는 건 나를 낳고부터야. 뭐가 바뀌었는데? 당연히 호르몬이지! 내가 태어나면 엄마는 '젖 분비 호르몬'이라는 안심되는 이름의 호르몬을 생성해. 이것은 다른 호르몬들과 함께 내 첫 식사에 필요한 모유를 만들 수 있도록 해 줘. 이게 모두 연관이 있지?
- 그리고 네가 한 번도 들어 본 적이 없는 분비물이 있어. 그것은 태지로, **피지샘**에서 생성돼. 이것은 하루 종일 양수로 젖어 있는 이 시기에만 필요해. 이것은 방수 기름막으로, 내 피부를 보호해 주고 치즈처럼 하얗기 때문에 나도 허옇게 보

이게 만들어. 이 분비물은 내가 태어난 뒤 조금 지나면 더 이상 생성되지 않지만, 그렇다고 해서 피지샘도 휴가를 떠난다고 생각해서는 안 돼. 내 피부는 항상 피지막으로 덮여 있을 거거든. 나중에 사춘기가 되어서 얼굴 뾰루지의 원인이 되면 이 피지샘을 저주하게 될 거야.

지금 생각해 보니 이 많은 분비물에게는 공통점이 있어. 이건 다음 주에 알려 줄게.

지금은 좀 편안하게 앉아야겠어. 이곳이 너무 좁아지고 있거든. 벌써 한 한 달째 무릎을 쭈그려서 가슴에 대고 있거든.

32주 - 45cm × 2.1kg

작은 변화. 마틸데가 아니라 이제 마틸다야.

저 밖의 아저씨가 계속 고민을 하네. 나도 마찬가지야. 그래서 지난 한 주 동안 내내 자궁 속에서 빙빙 돌았어. 결국은 지금 이

자세가 별로 나쁘지 않다는 것을 깨달았지. 내 머리는 자궁경부 위에 놓여 있어. 그러니까 머리가 아래를 향하고 있다는 말이야. 그 위의 몸은 둥글게 말고 있고.

그동안 내가 말했던 신체의 분비물에 어떤 공통점이 있는지 생각해 봤어? 정답은 미생물이야.

땀 냄새는 피부 위에 살면서 땀 안에 포함된 물질을 먹고 사는 세균 때문이고, 뾰루지는 피지샘에 침입한 세균으로 인해 피지샘이 감염되어서 나는 거야. 눈물은 눈을 미생물로부터 보호하고, 모유는 **항체**로 가득하지. 항체는 미생물과 같은 불청객을 막기 위한 뛰어난 방어물이야. 병균, 그러니까 나를 아프게 할 수 있는 미생물 때문에 앓아눕고 싶지는 않아. 내 몸을 만드는 데 자그마치 9개월이나 걸렸는데 말이야! 그래서 저 짜증 나는 미생물을 막을 수 있는 장벽들도 갖추기로 했어.

무엇보다도 다섯 가지의 병원체가 무엇인지 알아 둘 필요가 있어. 그것은 세균, 바이러스, 진균, 원생생물, 기생동물이야. 이 '침입자'들은 먼저 신체 내에 들어오는 데 성공을 해야 하지만, 피부가 침투가 불가능한 장벽이나 다름없기 때문에 침입은 매우 힘들어. 자전거 타다가 넘어진다거나 해서 피부가 찢어지지 않는다면 말이야. 그리고 코, 입, 생식기 등 통로가 있는 곳에도 점액, 눈물, 침, 위액 등의 방어 물질이 있어.

하지만 이런 방어가 늘 충분한 것은 아니야. 손가락으로 코를 쑤신다거나, 자갈길에서 미끄러졌다거나 하는 이유로 언젠가는 일부 병원체가 신체 안으로 들어오는 데 성공해. 그러면 **면역계**가 자신의 역할을 수행함으로써 일생 동안 나를 보호할 거야. 내가 어릴 때부터 면역계를 여러 번 시험에 들게 하겠지만 말이야.

33주 - 46.2cm × 2.2kg

안녕.

마침내 나는 엄마가 왜 날 안 부르시는지 알게 되었어. 엄마는 이미 내 이름을 골랐기 때문에 끝이 어떨지 알고 계셨던 거야. 그러니까 저 아저씨가 하고 싶은 대로 해 보도록 놔둔 거지. 아저씨 귀엽지? 쓸데없는 일을 하고 있잖아.

그래서 지금부터는 내 이름이 발렌티나인지 엘리자베타인지, 아니면 유페미아인지 안토넬라인지, 또는 마리아 크리스티나 아녜세 카롤리나인지 궁금해하지 않기로 했어. 이미 다 결정되어 바뀌지 않을 테니까.

내 면역계와는 정확하게 반대지.

이제 설명해 줄게.

미생물의 침입은 두 가지 면역 반응, 즉 신체의 방어 반응에 의해서 막을 수 있어.

- 선천적 면역 반응 염증을 촉발시키고, 체온을 높이고, **포**

식세포를 활성화시켜. 포식세포는 신체 외부의 물질이라면 모두 다 먹어 치울 수 있는 백혈구야. 상처가 붉게 부어오르는 것도 이것 때문이야. 신체가 침착하게 '다 죽여 버려어어어어!'라고 외치고 있는 것이거든. 화염방사기를 들고 있는 백혈구를 상상해 봐.

체온이 높으면 감염을 막는 데 도움이 돼. 따라서 열이 나서 체온계 눈금이 조금 올라갔다고 해서 약물로 체온을 낮추는 것은 그렇게 영리한 행동이 아니야.

- 적응 면역 반응 만약 선천적 면역 반응—신체에 들어온 것이라면 뭐든지 파괴해 버리려 하는 반응—이 감염을 막는 데 충분하지 않다면 면역계는 보다 끈질긴 미생물에 대한 표적형 방어 기제를 만들어 내.

이렇게 적응 면역 반응의 영웅들이 무대에 등장했어. 이들은 바로 **림프구**야. 림프구는 신체를 감염시킨 미생물들을 인식하는 법을 배운 다음 이들을 파괴하는 것을 목표로 하는 백혈구야.

모든 병원체는 표면에 림프구가 인지할 수 있는 물질을 갖고 있는데 이를 **항원**이라고 해. 특히 **B 림프구**는 신체의 보초병으로서, 아주 작지만 아주 강력한 단백질인 항체를 생성함으로써 수십억 개의 항원을 알아볼 수 있어. 그 원리는 아주 간단한 열쇠-자물쇠의 작동 원리와 같아. 즉 항원이 자물쇠고 항체는 열쇠지.

B 림프구는 그 표면에 여러 가지 다양한 항체를 많이 가지고 있으면서 신체 내부를 백수처럼 할 일 없이 돌아다녀. 그러면서 자기가 갖고 있는 항체로 전부 건드려 보고 이것저것 재 보면서 시간을 보내.

그러다가 항체가 어떤 병원체에서 자신과 맞는 항원과 마주치면 B 림프구는 돌아다니던 것을 멈추고 신중하게 일을 시작해. 해당 항원에 맞는 특정 항체를 다량으로 생성하기 시작하면서 동

시에 자기 자신도 복제해.

그러면 병원체는 잠시 잠깐 사이에 항체로 뒤덮이는데, 항체는 병원체를 중화하거나 포식세포에게 병원체를 먹어 치우라고 요청하는 등 다양한 일을 할 수 있어.

34주 - 46.8cm × 2.45kg

안녕?

나는 마침내 태어날 준비를 마쳤어. 이제 내 신체는 완전해졌고 특히 저 밖에서 멋지게 살아 낼 수 있게 되었어. 내 신경계는 수십억 개의 정보를 기억할 수 있고 면역계는 병균으로부터 나를 잠재적으로 영원히 보호해 줄 수 있지.

실제로 림프구는 무언가 유해한 것을 일단 한번 인식하는 법을 배운 다음에는 수년 동안 순환을 하면서 혹시 동일한 위협이 다시 닥쳐올 경우 이를 인식해. 그래서 이 세포를 이렇게도 불러.

내 적응 면역 반응의 유일한 결점은 느리다는 거야. B 림프구가 적합한 항체로 병원체를 찾아낸 다음에 활성화되어 스스로를 복제하기 시작하고 연달아 항체를 생성하고 병원체를 능가하기까지 여러 날, 어떤 때는 여러 주가 걸릴 수도 있기 때문이지.

하지만 다행히도 적을 속일 수 있는 두 가지 지름길이 있어.

1. 엄마. 엄마는 내가 제일 좋아하는 답변이지만 아무튼 엄마는 특별해. 나는 이 안에서 그리 효율적인 항체를 생성하지는 못해. 왜냐하면 인식할 만한 병원체가 없기 때문이야. 그랬다가 저 밖으로 나가서 바로 감염되면 어쩌지? 걱정돼.
   하지만 천만다행으로 엄마가 태반을 통해서 벌써 나에게 엄마의 항체를 보내 주고 계셔. 그리고 내가 엄마의 모유를 먹는 동안은 엄마가 면역이 있는 모든 것에 대해 나도 면역이 있을 거야. 문제는 모유 먹는 기간이 끝나면 면역도 끝난다는 거지.
   면역 모유를 평생 동안 마신다면 좋긴 하겠지만 그럼 나중에 치아가 날 때나 결혼할 때는 문제가 복잡해지지.
2. 백신. 과학이 가장 지속적인 해결책을 제공해 줘. 백신을 만들었거든. 일부 항원을 통제된 방식으로, 그러니까 병을 야기할 수 있는 병원체가 없는 상태로 신체에 넣어 주는 거야. 예를 들자면 실제 미생물은 없이 세균의 표피만 넣는다든가 하는 방법으로 말이야. 이렇게 하면 림프구가 항체를 만들

시간이 있기 때문에 진짜 세균이 나타났을 때 며칠이 아닌 단 몇 시간 만에 면역 반응을 즉각 활성화시킬 수 있어.

이런 대단한 효율이 가능한 것은 마지막으로 이야기할 신체의 계통인 **림프계** 덕분이야. 림프계는 림프관으로 되어 있고 이 가느다란 관은 신체의 상당 부분을 돌아다니면서 과도한 체액을 회수하고 특히 백혈구가 그 어떤 조직에라도 빠르게 도달할 수 있게 하지. 실제로도 림프계 안에는 상당한 수의 백혈구가 머물고 있는데, 일부는 돌아다니고 일부는 **림프절** 안에서 졸고 있어. 림프절은 면역계에 있어서 중요한 제어 본부 역할을 해.

35주 - 47.6cm × 2.52kg

와우!

이곳 전체가 움직이고 있어. 내가 내려갔어. 내 위치가 아래로 내려간 게 틀림없어. 날 그렇게 보지 마. 그냥 내 상상이 아니라고!

나는 지금 **골반뼈 위치**에 있어. 그러니까 엄마의 골반 중간에 있다고. 내가 태어나려고 하는 것은 아니겠지?

어젯밤에 엄마와 나는 병원에도 갔다 왔어. 나와는 전혀 상관없었고 엄마가 전반적인 신체검사를 받으러 간 거니까 괜히 나를 탓하려 하지 마. 가진통, 다른 말로 **브랙스턴 힉스 수축**이었대. 병원에서 그렇게 말해 주면서 우리한테 집에 돌아가라고 했어.

이곳은 너무 좁고 자궁도 딱딱해지고 있기 때문에 여기서 이 문장을 쓰고 있는 것이 벌써 너무 힘들어. 정말 너무 불편한데 좀 편하게 일기를 쓰려면 어떻게 해야 하지. 도ㅈㅓㅎㅣ 쓸 수 ㄱㅏ 없ㅇㅓ. 힘들고 ㅍㅣ곤ㅎㅐ. 우ㄹㅣ ㄷㅏ음주ㅇㅔ 보ㅈㅏ, ㅇㅏ ㄹㅏㅉㅣ?

36주 - 48cm × 2.59kg

나는 이 40주의 임신이라는 말을 이해 못 하겠어.

나는 벌써 나갈 준비가 됐는데 왜 또 두 주를 더 기다려야 해?

양막 안에 쭈그러져 있는 내 꼴 좀 보라고. 할 수만 있다면 뚫고 나가 보겠는데. **어휴!**

아자!

펑!

어…… 어……!

내가 사고를 친 것 같아.

양수가 없어. 없어졌어!

엄마는 오줌이 새어 나온 것 같다고 하고 계셔.

아.

오줌이 아니라고 하시네.

엄마가 아저씨한테 어머니한테 전화하라고, 가방을 챙기고 출산 중에 등을 받칠 순록 쿠션을 가져오라고 소리치고 있어. 이름은 루돌프야. 쿠션 이름이 루돌프라고. 그러니까, 엄마가 내 이름은 부르지도 않으면서 쿠션에는 이름을 붙여 놓았다니까. 날 낳으려는 사람이 어떤 사람인지 알겠어?

양수가 터졌대. 엄마는 양수가 혼자 터진 게 아니라 내가 터뜨렸다는 것을 모르는 것 같아.

이제 우리가 끝에 도달했어. 예정된 잉태 기간을 2주 줄였고 엄청난 난리 속에서 태어나게 되었어. 미래의 내 방에서, 엄마가 19일 후에 방문 앞에 달아 놓으려고 분홍색 리본을 만들고 계시는 동안 방바닥에 양수로 홍수를 내면서 말이야.

바로 오늘 태어나게 되었어.

그래! 나 너무 떨려!!!

세상에나!

로렌조가 들려주는 이야기

잠들면 안 되는 네 가지 경우

에필로그

신생아

19시 50분

안녕.

우리는 응급실에 와 있어. 나는 태어나기 직전이야.

태어나기 직전이라고!

10시 50분(다음 날)

아니었어. 나는 여기서 15시간째 꼼짝도 하지 않고 있어.

밤에 내내 엄마 자궁이 수축을 했지만 나는 태어날 생각도 하지 않고 있어. 엄마, 내 말을 들어 봐. **옥시토신**이 필요해. 어서 옥시토신을 분비해. 이 호르몬이 출산을 유도해 준단 말이야. (옥시토신은 사랑에 빠지게도 하지만 지독한 출산의 고통을 잊게도 해 줘.) 어서!

12시 10분

안녕.

이제 분만실로 들어갔어. 그리고 그 아저씨도 도착했어. 9개월 동안 아무런 쓸모도 없었는데 지금 여기 와서 뭘 어쩌겠다는 건지 이해가 안 가. 구경을 하러 왔나?

간호사가 규칙적으로 와서 무슨 숫자를 말하고 가네. "2센티미터. 아직 2센티미터예요." 뭘 잰 건지 모르겠어. 나쁜 소식은 엄마가 공식적으로는 아직 수축을 시작하지 않았다는 거야. 복근이 아직 나를 강하고 길게 밀어 내지 못해서 내가 아직 여기서 이러고 있어. 지루해.

좋은 소식은 의사가 엄마에게 옥시토신을 주기로 결정했다는 거야. 이제 진짜 진통이 시작될 거야.

15시 47분

효과가 있었어. 옥시토신 덕분에 수축이 시작됐어!

이제 자궁과 질을 연결하고 있는 좁은 길인 자궁경부가 4센티미터 열렸어. 규칙적으로 얘기하던 숫자가 뭔지 이제 알겠네. 열린 정도가 10센티미터가 되어야 해.

엄마가 3분마다 소리를 지르는 것을 보면 그 과정이 무척 고통스러운 것 같아. 그래서 엄마는 **경막 외 마취제**를 놓아 달라고 요청했어. 그러면 통증을 느끼게 하는 뉴런을 잠재우는 물질을 척추 근처에 주사해야 해.

거기에는 척추에 의해 보호되는 뉴런 다발인 **척수**가 있는데, (다리를 움직이게 하는) 운동 뉴런과 (분만에 관련된 부위의 통증을 느끼게 하는) 감각 뉴런이 이 척수에서부터 시작돼. 마취제는 이 두 가지 종류의 뉴런을 모두 다 잠재우지만 운동 뉴런은 이 성분에 대해 더 저항력이 세. 그래서 엄마가 다리를 계속 움직이고 수축을 시킬 수도 있지만 동시에 "도대체 누가 출산을 하라고 한 거야?"라고 항의하던 감각 뉴런은 잠잠해지지.

일이 다 잘되기를 기대해 보자.

뭔가 잘못되면 엄마의 배를 절개하는 **제왕절개** 분만을 할 수도 있어. 다른 말로 하자면 내가 **자연 분만**을 통해 엄마의 질을 통해 나오는 것이 아니라 절개부를 통해서 세상에 나간다는 거지.

16시 20분

경막 외 마취가 효과가 있었어.

엄마가 얕게 잠이 들었어. 나는 끈기 있게 기다릴 거야.

만세!

19시 30분

갑자기 속도가 빨라졌어. 이제 10센티미터야!

간호사는 내가 태어나려 한다고 말했어. 손으로 내 머리를 만질 수 있거든!

20시 45분

'아이가 나오려고 한다'고 말만 계속하는데 막상 나가지는 못하고 있어서 짜증이 나려고 해. 출산하는 데 정말 오래 걸리네. 내가 태어나는 데 말이야!

출산 과정이 사람마다 다 다르다는 것은 산부인과 의료진도 잘 알고 있어. 매번 아이가 태어나려 할 때마다 이 탄생이라는 공연을 즐기러 오는 사람들도 있어서 여기 출산실에 루돌프 쿠션을 비롯해서 한 열 명 남짓한 사람이 와 있어. 부족한 건 팝콘뿐이라니까.

우리가 다 자기 역할을 잘 수행하는 것은 아니야. 조금 전에는 이런 일도 있었어.

1. 저 아저씨가 대기실에서 기다리시는 외할머니에게 간호사가 말한 것처럼 내가 태어나려 한다는 말을 전했어.
2. 외할머니는 출산실로 인터폰을 해서는 혹시 내 딸이 죽어 가는 것 아니냐고 울부짖으셨지. 외할머니에게 내가 태어나려 한다고 말은 했지만 아직까지도 우리가 다 이렇게 기다리고 있어. 쫓겨난 외할머니만 빼놓고.
3. 빌어먹을 직립 보행! 우리 인간은 두 발로 걷느라 골반이 여러 가지 변화를 겪었고 그로 인해 출산은 더 어렵고 고통스러워졌어. 여자 골반이 남자 골반보다 더 넓음에도 불구하고 지나갈 수가 없어. 내가 못 지나가!
   그래서 질관 안에 있는 내 머리통이 변형되고 있어. 뒤쪽으로 길어진 것이 꼭 외계인 머리 같아. 코는 찌부러지고 눈은 꼭 감고 있지. 게다가 산소가 부족해서 온통 푸르스름하게 변했어.

납작한 코, 부어오른 입술, 쭈글쭈글한 회색 피부, 삐딱한 머리통. 인정하자. 나 정말 끔찍하게 생겼네.

내 **두개골**의 뼈들이 하나로 합쳐져서 단단해지기까지는 시간이 걸릴 거야. 정확하게는 18개월이 걸리지. 그 전까지는 내 머리 위에 **숨골**이라고 부르는 좀 징그럽고 부드러운 부분이 있을 테니 아무도 건들지 않는 게 좋을 거야!

22시 25분

아이고, 힘들어라. 꼭 산을 오르는 것 같아. 엄마는 규칙적으로 밀어 내고 있지만 별로 소용이 없어. 그러다가 내가 머리를 앞쪽으로 좀 돌려 봤는데…….

아마 머리카락이 밖으로 삐져나왔나 봐. 엄마가 산부인과 의사에게 내가 예쁜지 물어보셨거든.

그랬더니 여의사 선생님은 당황해서 이렇게 말씀하셨지. “내가 지금까지 본 머리카락 중에서 가장 예뻐요.”

엄마, 나 벌써부터 엄마를 사랑해!

22시 49분

엄마, 거의 다 됐어, 힘 내!

밀어 내! 밀어 내!!!!!!!!!!!!!!!!!

22시 50분

나 태어났어.

내가 태어났어.

너무 감동해서 울음이 터질 것 같아. 엄마는 기뻐서 울고 계셔.

아니, 사실 나도 울고 있어. 난 필사적으로 울고 있어. 공기가 내 허파에 들어갔고 나는 처음으로 숨을 쉬기 시작했어.

23시 00분

진찰을 받았어. 내 컨디션은 아주 좋아. 평균보다 작지만 살고자 하는 의지는 아주 강해! 곧장 엄마의 가슴에 들러붙었어. 아주 좋은 냄새가 나.

모든 일이 잘 풀렸어.

지난 9개월 동안 나를 따라와 주어서 고마워.

이제는 엄마의 배 밖에서 새로운 삶이 시작되려고 하니 네게 작별을 고해야겠어. 사람들이 지금 아저씨의 티셔츠를 나에게 입혀서 감싸고 있어. 여기 밖은 조금 춥거든.

아, 아저씨가 날 팔로 감싸 안았어! 어디 가까이에서 얼굴 좀 봐야겠네…….

안녕…… 아빠!

안녕, 그웬다!

작가 노트

사람들이 내게 하는 말을 들어 보면 나는 세 가지를 특히나 좋아한다. 과학 지식의 대중화, 재미있는 농담, 내 아이들.

그래서 나는 "그렇다면 이 세 가지를 한 권의 책에 담아 내면 어떨까?" 하고 생각했다.

내가 이 책을 쓰는 데 가장 큰 동기가 된 것은 바로 내가 아버지라는 사실이다. 나와 내 아내 조르자가 임신(!)했을 때 우리는 매주 어떤 앱을 통해서 배 속에 있는 우리 딸이 성장하는 과정을 살펴보았다.

"오늘은 꼭 메론만 하겠네!"

"오늘은 꼭 국수 한 봉지만큼 무게가 나갈 거야."

"오늘은 눈썹이 있어!"

하나의 세포가 성장해서 한 사람이 된다는 사실이 얼마나 놀라운 일인지 모른다. 나 같은 생물학자에게는 더욱 그렇다.

두 번째 동기는 교육자로서의 경험이었다. 2009년에 과학 지식의 대중화를 위해 대학 동료들과 함께 설립한 '지 에코(G.Eco)'를 통해서 여러 과학교실을 열고 신체에 대한 교육을 하고 있다. 우리 신체를 주제로 하는 교육과정은 항상 인기가 많다. 바로 우리 신체를 다루기에 그 경험이 직접적이고 즉각적이어서다. 손가락을 어떻게 구부릴까? 우리는 왜 놀라면 눈을 깜빡거릴까? 그런데 교육이 끝나면 어떤 학생이 쭈뼛거리며 다가와서 작은 목소리로 묻곤 하는 일이 빈번했다.

"그런데…… 여자에게 유방은 왜 필요한 건가요?"

"그런데요, 생리는 왜 하는 거죠?"

"죄송하지만, 아이는 어떻게 태어나요?"

그러니까 모두가 생식계에 대해서 더 잘 알고 싶어 한 것이다. 아무도 그 매혹적인 작용과 기능에 대해 설명을 해 주지 않았기 때문이다.

자, 이제 책을 다 읽었으니 여러분도 모든 것이 어떻게 기능하는지 알게 되었을 것이다. 만약 나의 다른 저서인《무시무시한 버팔로(Bufale Bestiali)》를 읽었다면 학이 아이를 물어다 주는 것이 아니라는 것도 알았을 것이다. 내 책은 특히 동물과 관련된, 그리고 우리 자신과 관련된 잘못된 믿음을 깨는 데도 관심을 기울인다. 아이가 태어나는 과정에 대해 모든 것을 상상이나 독학에 맡겨 놓는 것보다는 명확하게 이야기해 주는 편이 낫다고 생각한다.

이 책을 통해 여러분에게 즐거운 미소를 선사하고 호기심을 자극했기를 바란다.

지금까지 읽어 준 학생들, 선생님들, 호기심 많은 이들……, 그리고 미래의 부모님들에게 감사드리며…….

그웬다의 아버지가

추신: 조엘레, 우리 가엾은 둘째 아들. 네 누나를 기다리면서 책에 대한 영감을 얻었다고 해서 너무 서운해하지 말려무나. 이 아빠가 너를 위한 책도 틀림없이 쓸 테니까. 기다려 봐!

아기 세포의 일기

수정부터 출생까지 작은 세포의 놀라운 모험

초판 1쇄 인쇄 | 2024년 8월 10일
초판 1쇄 발행 | 2024년 8월 15일

지은이 | 그라지아노 초카
그린이 | 로렌조 데 펠리치
옮긴이 | 조원정
펴낸이 | 조승식
펴낸곳 | 도서출판 북스힐
등록 | 1998년 7월 28일 제22-457호
주소 | 서울시 강북구 한천로 153길 17
전화 | 02-994-0071
팩스 | 02-994-0073
인스타그램 @bookshill_official
블로그 blog.naver.com/booksgogo
이메일 bookshill@bookshill.com

ISBN 979-11-5971-534-1
정가 15,000원